FOOD SCIENCE 150

FOOD SCIENCE
푸드 사이언스
150

브라이언 레 지음 | 장혜인 옮김

시그마북스
Sigma Books

FOOD SCIENCE 푸드 사이언스 **150**

발행일 2021년 2월 15일 초판 1쇄 발행
2023년 7월 14일 초판 3쇄 발행
지은이 브라이언 레
옮긴이 장혜인
발행인 강학경
발행처 시그마북스
마케팅 정제용
에디터 최연정, 최윤정, 양수진
디자인 김문배, 강경희

등록번호 제10-965호
주소 서울특별시 영등포구 양평로 22길 21 선유도코오롱디지털타워 A402호
전자우편 sigmabooks@spress.co.kr
홈페이지 http://www.sigmabooks.co.kr
전화 (02) 2062-5288~9
팩시밀리 (02) 323-4197
ISBN 979-11-91307-07-8(03590)

150 FOOD SCIENCE QUESTIONS ANSWERED by Bryan Le

Text ⓒ 2020 by Callisto Media, Inc.

All rights reserved.

First published in English by Rockridge Press, an imprint of Callisto Media, Inc.

Korean translation rights ⓒ 2021 by Sigma Books

Korean translation rights are arranged with Callisto Media Inc. through AMO Agency Korea.

* **시그마북스**는 (주)시그마프레스의 단행본 브랜드입니다.

차례

들어가며 • 012

제1장 요리의 기초

요리란 무엇일까? • 016

조리도구로 적합한 소재가 따로 있을까? • 019

무쇠 팬을 시즈닝하면 어떻게 될까? • 021

수증기는 끓는 물보다 뜨거울까? • 022

차가운 물이 따뜻한 물보다 빨리 끓을까? • 025

높은 고도에서는 왜 물이 100℃ 이하에서 끓을까? • 026

파스타 삶는 물에 기름을 넣으면 들러붙지 않을까? • 028

고기와 채소는 같은 방법으로 조리해도 될까? • 029

음식은 왜 갈색이 될까? - 마이야르 반응 • 030

음식은 왜 갈색이 될까? - 캐러멜화 • 033

갈변을 증가시킬 수 있을까? • 034

요리할 때 알코올이 날아갈까? • 036

요리에 질 좋은 와인을 사용해야 할까? • 037

요리할 때 기름이 꼭 필요할까? • 038

기름의 종류가 중요할까? • 039

유제란 무엇일까? • 042

유제는 왜 잘 깨질까? • 043

증점제의 종류가 중요할까? • 045

볶음밥은 왜 찬밥으로 만들어야 할까? • 047

제 2 장 풍미의 기초

우리는 맛을 어떻게 느낄까? • 050

풍미를 느끼는 데 영향을 주는 요소는 무엇일까? • 052

맛과 풍미는 같은 의미일까? • 054

환경이 음식의 맛에 영향을 줄까? • 056

음식이나 풍미에 궁합이 있다는 믿음은 과학적 근거가 있을까? • 058

감칠맛은 정말 있을까? • 059

소금을 넣으면 왜 맛이 더 좋아질까? • 061

소금의 종류가 중요할까? • 062

지방은 왜 맛있을까? • 064

어떤 사람들은 왜 고수에서 비누 맛이 난다고 느낄까? • 065

음식과 와인에서 떼루아가 중요할까? • 066

마리네이드하면 음식에 풍미가 스며들까? • 067

흑후추의 톡 쏘는 맛은 어디에서 올까? • 068

생강은 왜 맵고 열을 낼까? • 069

사프란은 왜 귀할까? • 070

영양효모의 독특한 향은 어디에서 올까? • 072

말린 허브보다 생 허브가 좋을까? • 074

레몬즙과 레몬 제스트는 각각 언제 사용할까? • 075

제 3 장 육류, 가금류, 생선

고기 색깔은 왜 모두 다를까? • 078

연한 고기와 질긴 고기의 차이점은 무엇이며, 각각 어떻게 요리해야 할까? • 080

숙성하면 고기가 더 연해질까? • 082

마블링이 있으면 왜 스테이크가 더 맛있을까? • 083

마리네이드하면 고기가 연해질까? • 084

고기를 소금물에 담그면 육즙이 풍부해질까? · 086

고기를 조리하기 전에 실온에 두어야 할까? · 087

스테이크를 시어링하면 육즙을 가둘 수 있을까? · 088

베이컨을 익힐 때 팬의 온도가 중요할까? · 091

고기는 왜 뜨거운 팬에 들러붙을까? · 092

베이스팅하면 고기가 촉촉해질까? · 093

고기는 왜 퍽퍽해질까? · 094

고기와 가금류는 조리한 후 레스팅해야 할까? · 096

캐리오버는 정말 일어날까? · 097

어떤 경우에 고기를 통썰기 할까? · 098

브로스, 본 브로스, 스톡은 차이가 있을까? · 100

감귤류의 즙을 뿌리면 세비체에 넣은 해산물이 익을까? · 102

열을 가하면 왜 랍스터는 빨간색이, 새우는 분홍색이 될까? · 103

생선은 왜 비린내가 날까? · 104

제 4 장 달걀과 유제품

달걀을 대체할 좋은 재료가 있을까? · 108

흰자를 치면 왜 부풀어 오를까? · 110

흰자를 칠 때 온도가 중요할까? · 112

구리 그릇에서 흰자를 치면 거품이 더 풍성해질까? · 113

스톡에 흰자를 넣으면 왜 맑아질까? · 114

삶은 달걀 껍데기는 왜 잘 까지지 않을까? · 115

달걀을 오래 삶으면 왜 노른자가 녹색으로 변할까? · 116

달걀을 완벽하게 익히려면 어떻게 해야 할까? · 117

마요네즈가 되직해지지 않는 이유는 무엇일까? · 118

홀렌다이즈소스를 만들 때 왜 분리될까? · 119

커스터드나 데운 우유에는 왜 막이 생길까? · 120

우유, 하프앤하프크림, 헤비크림은 서로 대체할 수 있을까? · 122

버터밀크에는 버터가 들어있을까? · 123

치즈는 왜 종류에 따라 다르게 녹을까? · 124

어떤 치즈에는 왜 껍질이 있을까? · 126

어떤 치즈는 왜 향이 아주 강할까? · 127

블루치즈 곰팡이는 왜 먹어도 될까? · 129

치즈를 얼려도 될까? · 130

가공치즈는 가짜일까? · 131

제 5 장　과일과 채소

과일이 숙성되면 어떤 일이 일어날까? · 134

과일을 자르면 왜 갈색으로 변할까? · 135

덜 익은 과일을 바나나와 함께 두면 더 빨리 익을까? · 136

통조림이나 냉동 가공한 과일이나 채소는 생으로 먹는 것보다 영양소가 적을까? · 137

과일이나 채소를 익히면 영양소가 손실될까? · 138

파인애플을 먹으면 왜 혀가 얼얼할까? · 139

고추는 왜 매울까? · 140

고추의 얼얼한 느낌을 줄이려면 어떻게 해야 할까? · 141

양파를 썰면 왜 눈물이 날까? · 142

양파는 색깔별로 차이가 있을까? · 144

마늘과 양파의 풍미는 요리에 어떻게 전달될까? · 145

마늘을 써는 방법에 따라 맛의 강도가 달라질까? · 146

마늘은 익히면 왜 고추와 달리 풍미가 부드러워질까? · 147

콩을 익힐 때 소금이나 토마토를 넣으면 콩이 딱딱해질까? · 148

아이들은 왜 생브로콜리를 싫어할까? · 149

아스파라거스는 색깔별로 차이가 있을까? · 150

감자를 찬물에 넣어 삶는 것과 끓는 물에 넣어 삶는 것이 차이가 있을까? · 151

감자는 요리에 따라 적합한 종류가 따로 있을까? · 152

팝콘은 어떻게 만들어질까? · 154

버섯에서 왜 고기 맛이 날까? · 156

제 6 장　빵과 디저트

글루텐이란 무엇일까? · 160

빵을 구울 때 효모의 역할은 무엇일까? · 162

빵은 왜 부드럽거나 질길까? · 164

무반죽 빵에 숨겨진 과학은 무엇일까? · 165

빵은 왜 오래 두면 단단해지고 쿠키나 크래커는 부드러워질까? • 168

베이킹소다와 베이킹파우더의 차이는 무엇일까? • 170

케이크를 구울 때는 박력분을 사용해야 할까? • 171

요리에 사용하는 버터 온도가 중요할까? • 172

케이크 반죽을 섞는 방법이 중요할까? • 173

빵을 구울 때 유리 팬이나 금속 팬을 사용하는 것에 차이가 있을까? • 174

케이크를 구울 때 오븐에 놓는 위치도 중요할까? • 176

오븐에서 빵을 구우면 왜 부풀어 오를까? • 177

쿠키는 왜 쫀득하거나 바삭해질까? • 178

바삭하고 얇은 파이 껍질의 비밀은 무엇일까? • 179

설탕은 종류별로 차이가 있을까? • 180

꿀은 왜 결정화될까? • 181

피넛브리틀은 왜 잘 부서질까? • 182

초콜릿 템퍼링은 무슨 의미일까? • 184

초콜릿과 커피의 풍미는 왜 잘 어울릴까? • 185

제 7 장 식품 안전과 보관

뜨거운 음식은 바로 냉장고에 넣어야 할까, 아니면 식힌 뒤 넣어야 할까? • 188

생우유를 그대로 마셔도 될까? • 189

날달걀은 먹어도 안전할까? • 190

달걀이 상했는지 모를 수도 있을까? • 192

익히지 않은 쿠키 반죽을 먹어도 될까? • 194

닭고기나 칠면조 고기는 조리 전에 씻어야 할까? • 195

덜 익은 돼지고기를 먹어도 될까? • 196

그을린 고기는 건강에 나쁠까? • 197

스테이크는 웰던으로 익혀야 안전할까? • 198

농작물에서 왜 대장균이 발견될까? • 200

버섯에 묻은 오염물을 섭취하면 병에 걸릴까? • 201

발효하거나 절인 채소는 왜 상하지 않을까? • 202

껍질이 녹색으로 변한 감자를 먹어도 될까? • 203

사과씨나 복숭아씨에는 독성이 있을까? • 204

피마자콩에는 리신이 들어있을까? • 205

땅콩버터도 상할까? · 206

잼도 상할까? · 207

보툴리즘이란 무엇일까? · 208

올리브유에도 유효기한이 있을까? · 209

튀김에 사용한 기름을 재사용해도 안전할까? · 210

경화유는 먹어도 안전할까? · 212

고과당 콘 시럽은 무엇이고, 몸에 나쁠까? · 213

MSG는 먹어도 안전할까? · 214

인공 착향료가 든 음식을 주의해야 할까? · 215

보존제를 먹어도 안전할까? · 217

유통기한을 얼마나 꼼꼼하게 따져야 할까? · 219

간장이나 피시소스를 개봉하면 냉장 보관해야 할까? · 220

빵을 꼭 냉장 보관해야 할까? · 221

빵에서 곰팡이 핀 부분만 떼어내고 먹어도 될까? · 222

덜 익은 토마토는 냉장 보관해야 할까? · 224

채소를 냉장 보관하면 왜 시들까? · 225

냉동고는 어떻게 작동할까? · 226

그린빈을 얼리기 전에 왜 데쳐야 할까? · 228

냉동상이란 무엇일까? · 229

아이스크림을 냉동 보관하면 왜 얼음 결정이 생길까? · 230

고기를 잘 해동하려면 실온, 냉장고, 흐르는 물 중 어디에 두어야 할까? · 231

들어가며

'먹어야 산다!'는 말이 있다. 어디에 살든, 직업이나 종교가 무엇이든, 사람은 누구나(그것도 하루에 몇 번이나) 먹어야 산다.

　사실 나는 자라면서 음식에 대해 깊이 생각해본 적이 없었다. 먹는 일을 중요하게 여기지도 않았고, 음식에 그다지 까다롭지도 않았다. 음식은 그저 과학책을 읽고 창고에 틀어박혀 실험할 에너지를 얻기 위해 먹는 것일 뿐이었다. 어린 시절 나는 여가 시간에 곤충을 수집하거나, 화학 물질을 섞고, 재미로 곰팡이를 키우는 괴짜였다. 대학에서는 자연스럽게 화학을 전공했다. 화학 반응과 구조, 열역학을 배우는 수업은 재미있었지만 졸업하고 나니 앞으로 뭘 해야 할지 캄캄했다. 머리를 식히려 6개월 동안 로스앤젤레스에서 뉴올리언스까지 3,200㎞를 걸으며 간절히 미래를 찾기도 했다.

　로스앤젤레스로 돌아와 지금의 아내가 된 여성을 다시 만났고, 그 후 몇 년 동안 내가 정말 하고 싶은 일이 무엇인지 알아내기 위해 다양한 시도를 했다. 당시 내 미래의 아내는 나를 단골 식당에 데려가거나 직접 요리를 해주며 내게 다양한 음식을 알려주었다. 함께 요리를 배우며(아내는 여전히 나보다 요리를 잘한다) 나는 활동에 필요한 에너지를 주는 단순한 기능을 넘어선 요리의 가치를 깨달았다. 요리에 대한 아내의 사랑이 내게도 전해졌고, 우리는 함께 요리하고 맛보며 행복한 시간을 나눴다.

　어느 날 나는 대학 도서관에서 음식과 풍미의 화학에 관한 학회지를 우연히 발견했다. 처음 든 생각은 '이런 것도 연구해?!'였다. 나는 학회지를 빌려와 읽기 시작했다. 음식을 더욱 맛있게 만드는 과학과 기술은 전혀 학술 영역이라고 여기지 않았었는데, 그 학회지는 내게 일대 전환을 일으켰고 배움과 발견에 대한 욕구에 다시 불을 지폈다. 나는 식품과학대학원에 지원했다.

식품과학 연구 과정 동안 나는 음식을 정말 사랑하고 식품 연구에 기꺼이 시간을 투자하려는 사람들을 만났다. 그들의 열정이 내게도 전염되어 나 역시 식품과학과 기술, 음식에 대해 더 공부하고 싶어졌다. 대학원 과정을 거치며 사람들에게 큰 즐거움과 위안을 주는 음식과 화학 지식을 연관시킬 수 있게 되었다. 스테이크를 시어링하거나 볶음 요리를 할 때 열과 수분, 산, 염도를 조절하면 풍미가 생기는 과정을 마술처럼 바꿀 수 있다는 사실에 깜짝 놀랐다. 갓 구운 빵 냄새에 숨겨진 복잡한 화학 반응에는 정신을 잃을 정도였다. 화학 실험실에서처럼(물론, 맛은 없다) 정확한 비율로 재료를 조절해 사람들이 좋아하는 멋지고 놀라우며 맛있는 무언가를 만들 수 있다는 사실도 좋았다. 직접적이고 과학적인 방법을 이용해 내 의도대로 재료를 변형하고 조절하여 요리를 더 맛있게 만들 수 있다는 사실을 깨닫자 요리를 더 잘할 수 있게 되었다. 음식과 요리의 숨겨진 과학에 푹 빠져 이전에는 몰랐던 요리의 면모를 볼 수 있게 되자 식사 때마다 내 앞에 놓인 음식에 더욱 감사하게 되었다. 식품과학의 매력으로 안내하는 이 입문서를 통해 여러분도 나처럼 영감을 받고 감사하는 마음을 느끼게 되기를 바란다.

제1장

요리의 기초

요리는 때로 겁나는 일이다. 요리와 음식에 대해 더 배워야겠다고 결심했을 때, 나는 어디에서 시작해야 할지 잘 몰랐다. 이것저것 궁금한 점이 많았던 나는 기초부터 시작하기로 하고 학교에서 배운 기본적인 물리·화학 원리를 요리에 적용해보았다. 이 장에서는 요리에 숨겨진 과학을 탐구하고, 요리에 대한 오해를 바로잡는 다양한 질문을 만나보자.

요리란 무엇일까?

요리의 과학　요리란 날음식을 변형하여 먹을 수 있고 영양가 높으며 맛 좋은 상태로 만드는 과정이다. 요리 도중 일어나는 대부분의 반응은 생물학, 화학, 물리학 원리에 바탕을 두고 있다. 예를 들어 우리가 느끼는 다양한 맛은 고온에서 아미노산과 당이 일으키는 화학 작용을 통해 만들어진다. 파스타나 감자, 콩이 부드러워지는 과정은 뜨거운 물 분자와 전분 입자가 상호 작용해서 만든 결과다. 자연계에서 일어나는 수많은 과정을 설명해주는 과학 이론을 적용하면 요리 기술과 비법의 근거도 밝힐 수 있다.

　기초부터 시작해보자. 요리와 관련된 화학적·물리적 변화를 일으키려면 외부 에너지원에서 에너지를 가져와야 한다. 고대부터 인류가 이용해온 주요 에너지원은 열이다. 초기 인류에게는 불이 유일한 열원이었지만, 현대인에게는 다양한 열원이 있어 전도, 대류, 복사 등의 방식으로 열을 전달한다. 전도는 주방에서 가장 흔히 사용하는 열전달 방식으로, 재료나 표면의 한쪽에서 다른 쪽으로 열을 전달한다. 뜨거운 팬이나 그릴에서 스테이크에 열을 가하는 방식은 전도다. 대류

> 열을 활용하면서
> 인간은 자연에서 잠재적 식재료를
> 다양하게 얻을 수 있게 되었다.

는 기체나 액체를 통해 열을 전달하는 방식으로, 요리에서는 흔히 물이나 수증기, 공기를 이용한다. 주방에서 이용하는 대류의 예는 달걀 삶기, 채소 찌기나 뜨거운 공기가 순환하는 컨벡션(대류) 오븐을 들 수 있다. 복사는 빛 입자를 이용한 열전달이다. 수분이 많은 음식의 온도를 전자파를 이용해 빠르게 올리는 전자레인지는 복사를 통한 열전달의 흔한 예다.

열을 활용하면서 인간은 자연에서 잠재적 식재료를 다양하게 얻을 수 있게 되었다. 열은 요리의 풍미와 질감을 살릴 뿐만 아니라, 음식을 부패시키거나 영양소를 분해하는 효소를 불활성화하고 독소를 분해하며 병원성 미생물을 죽인다. 생채소나 동물 조직 속에 들어있어 다른 방법으로는 이용하기 어려운 특정 영양소가 흘러나오게 하기도 한다. 하버드대학교의 인류학자이자 맥아더 펠로우 수상자인 리처드 랭엄은 초기 인류가 동물 조직의 영양소를 이용할 수 있게 되면서 뇌가 더 커지도록 진화했다고 주장한다. 요리는 인간만이 가진 아주 특별한 힘 중 하나다.

주방의 한 수 　요리는 인류가 처음으로 세상을 실험하고 탐구한 방법의 하나였다. 인류가 진화하면서 요리도 진화했다. 그저 고기를 불 속에 던져넣고 먹어 치우던 때는 지나갔다. 요리의 의미를 이해하고 요리와 관련된 과학적 원리를 효과적으로 이용하면 누구나 몸과 마음, 영혼까지 만족할 만한 영양가 높고 맛있는 요리를 만들 수 있다.

조리도구로 적합한 소재가 따로 있을까?

대답 아니다.

요리의 과학   조리도구는 다양한 소재로 만들어진다. 가장 흔한 소재는 철, 구리, 알루미늄이다. 각 금속은 고유한 물리적·화학적 특성이 있어 쓰임새에 맞게 활용할 수 있다. 철은 튼튼하고 밀도가 높은 금속으로 충격에 강하다. 철(스테인리스강, 탄소강, 무쇠 등)로 만든 조리도구는 내구성이 있고 밀도가 높아 열 보존율이 높다. 하지만 철로 만든 조리도구는 밀도가 높은 탓에 가열하는 데 시간이 더 걸린다. 철은 상대적으로 반응성이 커서 무쇠나 탄소강으로 된 조리도구를 잘못 다루면 부식된다. 다만 예외적으로 스테인리스강에는 크롬이 들어있어 물이나 공기, 산, 알칼리 성분에 닿아도 부식되지 않는다. 에나멜을 입힌 무쇠 역시 표면이 코팅되어 있으므로 부식에 강하다.

알루미늄과 구리로 만든 조리도구는 철로 만든 조리도구와 다른 독특한 장단점이 있다. 알루미늄과 구리는 열 전도율이 높은 금속에 속하기 때문에 빨리 데워지고 열이 고르게 분포되며 열원에서 떨어뜨리면 온도가 급격히 떨어진다. 알루미늄은 매우 가볍고 비교적 열 보존율은 낮아서 뜨거운 알루미늄 팬에 차가운 음식을 올리면 온도가 빨리 떨어진다. 구리는 철과 마찬가지로 밀도가 높아서 열을 효과적으로 보존하고 퍼트리지만, 철보다 빨리 가열되고 식는다. 알루미늄과 구리는 둘 다 가소성이 있어 찌그러지거나 휘기 쉽다는 단점이 있고, 반응성이 있어 산성 음식을 넣으면 금속이 흘러나올 수 있다.

올 클래드all-clad 스테인리스강으로 만든 조리도구는 스테인리스강의 낮은 열 전도율과 구리나 알루미늄의 높은 반응성 같은 단점을 모두 극복한 도구다. 올 클래드 팬의 바닥은 알루미늄이

> ## 특정 소재가 모든 조리에 최적은 아니다.

나 구리를 사이에 두고 양면을 스테인리스강으로 압연하여 만든다. 양면의 스테인리스강은 조리도구가 공기나 산, 습기로 부식되지 않게 하고 강도와 내구성을 주며, 중간의 구리나 알루미늄은 열 전달력을 높인다. 올 클래드 팬은 바닥이 여러 겹의 금속으로 이루어져 있어, 비슷한 크기의 100% 스테인리스강이나 다른 금속 팬 보다 무겁다.

주방의 한 수 특정 소재가 모든 조리에 최적은 아니다. 철 이나 강철로 된 조리도구는 시어링^{searing}(강한 불에 고기 겉면을 재빨리 태우듯 굽는 것-옮긴이)이나 굽기, 튀김 등 고온과 열 보존력이 필요한 조리에 알맞다. 알루미늄 소재의 조리도구는 끓이기, 찌기, 볶기 등 불 조절이 그 다지 필요하지 않은 빠른 조리에 좋다. 구리로 된 조리도구는 해산물, 소스, 캐러멜, 초콜릿 등 재 빨리 온도를 조절해야 하는 섬세한 조리에 최적이다.

무쇠 팬을 시즈닝하면 어떻게 될까?

요리의 과학 코팅되지 않은 무쇠 팬은 쉽게 부식되고 요리하는 동안 음식이 잘 들러붙지만, 표면을 시즈닝^{seasoning}(기름을 입혀 길들이는 것-옮긴이)하면 녹이 슬지 않고 음식이 잘 들러붙지 않는다. 시즈닝 과정은 보통 다음과 같다. 새 팬을 뜨거운 비눗물로 씻어 제조 공정 중 남은 잔여물을 제거하고 완전히 말린 다음 팬 전체(팬 겉면과 손잡이도 무쇠라면 이 부분도 포함한다)에 얇은 기름 막을 씌우고 177℃ 오븐에서 1시간 정도 가열한다. 열 때문에 불포화지방 분자가 공기 중 산소와 반응해 과산화수소와 비슷한 과산화물을 만든다. 과산화물은 이웃한 불포화지방 분자와 연쇄적으로 결합해 기름을 굳혀 얇고 방수성이 있는 고분자 코팅을 만든다. 식물성 기름 성분의 바니시가 고정되는 것과 비슷하게 팬 겉면에 기름 코팅이 완전히 고정된다. 팬에 기름을 먹이고 30~60분 동안 가열하는 과정을 반복하면 코팅이 두꺼워지므로, 무쇠 팬을 사용하기 전 서너 번 시즈닝하는 것이 좋다.

주방의 한 수 무쇠 팬을 시즈닝하기 전에는 잘 세척하고 말린 다음, 기름을 먹이기 전에 오븐에서 몇 분간 가열해 남은 수분을 완전히 날려야 한다. 다가불포화지방 농도가 높은 옥수수유, 해바라기씨유, 아마씨유, 올리브유, 포도씨유(코코넛유는 안 된다)를 사용하자. 시즈닝이 잘 된 무쇠 팬에는 산성 재료를 사용할 수 있지만 자주 그러지는 말아야 한다. 시즈닝한 팬을 물에 담가 두면 안 된다는 점도 기억하자. 코팅된 팬은 물에 잘 견디지만 미세한 틈이 있으면 물이나 공기가 스며들어 녹이 슬 수도 있다.

수증기는 끓는 물보다 뜨거울까?

대답 그렇다.

요리의 과학   물은 수소와 산소라는 화학 원소로 이루어진 분자로, 수소 원자 2개가 산소 원자 1개에 붙어 미키 마우스 머리(수소 원자가 귀) 모양을 이루고 있다. 수소는 우주에서 가장 작은 원자로, 양전하를 띠는 양성자 1개로 이루어진 원자핵과 그 주위를 외로이 도는 전자 1개로 구성되어 있다. 반면 산소는 양성자 8개로 된 원자핵과 그 주위를 도는 전자 8개로 이루어져 있다. 이 원자 3개가 결합하면 산소의 큰 원자핵이 수소의 전자를 강하게 끌어당긴다. 산소 주위에 생긴 여분의 전자 2개 때문에 물 분자 내 산소 원자는 약한 음전하를 띤다. 그리고 결국 전자를 잃은 수소 원자 2개는 약한 양전하를 띤다.

사람들이 사귈 때처럼, 화학 결합과 원자 물리학의 세계에서도 서로 상대를 끌어당긴다. 그래서 물 분자 2개가 나란히 있으면 물 분자 속 약한 양전하를 띤 수소 원자는 옆 물 분자 속 약한 음전하를 띤 산소 원자를 끌어당긴다. 이 인력은 두 물 분자 사이에 수소 결합이라는 일시적인 '끈끈함'을 만든다. 물이 얼마나 많든 그 안에서는 모든 물 분자가 서로 주위를 움직이며 수많은 수소 결합을 계속 만들고, 끊고, 다시 만든다. 수소 결합이 끊임없이 재형성되며 튼튼한 망상 구조를 이루므로, 물은 지구상 실온에서 액체 상태다.

물을 가열하면 물 분자가 에너지를 얻어 더 빠르게 움직이므로, 수소 결합이 재형성되기보다 끊어지는 경우가 더 잦아진다. 이 과정은 물이 끓는점인 100℃에 도달할 때까지 가속되는데, 끓는점이 되면 물 분자가 격렬하게 움직여 수소 결합이 모두 끊어지고 물 분자들을 결합하는 힘은 사라져, 결국 물은 기체 상태인 수증기로 바뀐다.

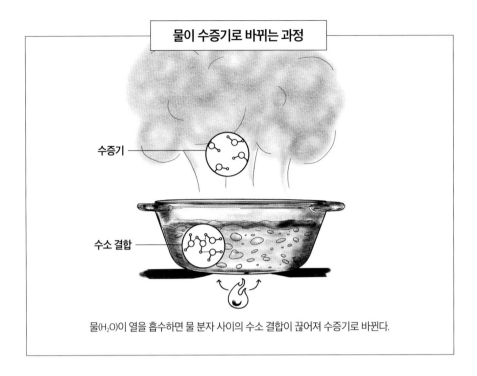

물이 수증기로 바뀌는 과정

수증기

수소 결합

물(H_2O)이 열을 흡수하면 물 분자 사이의 수소 결합이 끊어져 수증기로 바뀐다.

끓는점에 도달한 고에너지 액체 물 분자는 모두 수증기로 바뀌어 냄비에서 빠져나오기 때문에, 끓는 물은 (적어도 보통 해수면 기압에서는) 언제나 100℃를 넘지 않는다. 반면 수증기는 온도가 올라가도 상변화가 없다. 수증기에 열에너지를 계속 공급하면 기체 상태의 물 분자는 점점 빨리 움직이고 온도는 더 높아진다. 하지만 끓는 물 냄비에서 수증기가 빠져나가면 에너지가 더 추가되지 않으므로, 요리할 때 수증기의 실제 온도 한계는 100℃다. 하지만 압력솥처럼 냄비 뚜껑을 밀폐하면 수증기 온도는 121℃까지 올라갈 수 있다.

수소 결합을 끊으려면 많은 에너지가 필요하므로, 수증기에는 끓는 물보다 열에너지가 더 많다. 따라서 수증기에서 발생하는 열은 끓는 물에서 발생하는 열보다 음식으로 더 빨리 전달된다.

주방의 한 수 물이 흥건하지는 않되 촉촉하게 요리하고 싶으면 수증기로 찌면 된다. 비법이라면, 찜기에서 여분의 열과 수분이 빠져나가지 않도록 뚜껑을 꽉 닫는 것이다. 수증기 온도는 물의 끓는점을 넘을 수 있지만, 음식 속 물의 온도는 끓는점 이상으로 올라갈 수 없으므로 음식 내 최고 온도는 여전히 100℃라는 점을 기억하자. 냄비 뚜껑을 열거나 압력솥에서 김을 뺄 때 순간적으로 수증기가 피부에 닿으면 끓는 물에 덴 것만큼 심하게 델 수 있으므로 주의해야 한다.

차가운 물이 따뜻한 물보다 빨리 끓을까?

대답 아니다.

요리의 과학 열역학적 관점에서 보면 따뜻한 물을 끓일 때는 열을 많이 가할 필요가 없으므로 시간이 적게 걸린다. 그런데 왜 사람들은 차가운 물이 따뜻한 물보다 빨리 끓는다고 생각할까? 과학자들은 물이 가열되는 방식에 대한 오해에서 이런 잘못된 믿음이 생긴다고 추측한다. 보통 물이 선형적으로 가열되므로 물 온도가 10℃에서 38℃까지 올라가는 시간은 38℃에서 66℃까지 올라가는 시간과 똑같다고 생각한다. 하지만 사실 열은 차가운 물로는 빨리 전달되지만, 물이 뜨거워지고 증발하면서 열을 (끓는 냄비 등으로) 방출하며 잃기 시작하면 열은 점점 천천히 전달된다. 결국 따뜻한 물의 온도를 10℃ 올리려면 차가운 물의 온도를 그만큼 올리는 것보다 시간이 더 걸린다. 그렇지만 차가운 물의 온도를 끓는점까지 올리려면 따뜻한 물보다 온도를 더 많이 올려야 한다.

주방의 한 수 물을 가능한 한 빨리 끓이려면 따뜻한 물을 사용하자. 하지만 감자를 삶을 때처럼 음식에 열이 골고루 분포되게 하려면 차가운 물을 사용한다(151쪽 질문 '감자를 찬물에 넣어 삶는 것과 끓는 물에 넣어 삶는 것이 차이가 있을까?' 참고).

높은 고도에서는 왜 물이
100℃ 이하에서 끓을까?

요리의 과학　탁자에 물컵을 놓아두면 시간이 지나면서 물이 증발하는 현상을 볼 수 있다. 이런 현상은 실온에서 액체 물 분자 일부가 다른 물 분자에서 떨어져 나와 증기나 기체로 빠져나올 에너지를 충분히 가졌을 때 일어난다. 에너지가 그다지 많지 않은 실온에서는 이 과정이 느리지만, 주변 온도가 오르면 증발 속도가 빨라진다. 더운 여름날 물웅덩이가 얼마나 빨리 증발하는지 생각해보라.

　열에너지를 가해 액체 분자를 기체로 만든다는 점만 빼면 끓는 것도 증발과 비슷한 과정이다. 하지만 시간은 좀 더 걸린다. 냄비를 불에 올려놓은 채 30분쯤 잊어버리고 둔 적이 있다면 금방 이해할 수 있을 것이다. 물이 끓는 데 시간이 걸리는 이유는 냄비 속 물 표면 공간을 차지하는 대기 중 공기 분자가 증발하려는 물 분자를 누르기 때문이다. 과학 용어를 빌리자면, 공기 분자들이 기압을 가한다. 공기 분자가 없어 사실상 기압이 없는 진공 상태에 물컵을 두면 물은 어는점에서도 재빨리 증발해 기체가 된다. 하지만 지구상에서는 공기 분자로 이루어진 두꺼운 대기가 물 분자에 압력을 가해 증발 과정을 늦춘다. 높은 고도에서는 끓는 냄비 속 물 분자를 누르는 공기 분자가 적어 물 분자가 기체로 바뀌는 데 에너지가 적게 필요하므로, 물이 100℃ 이하에서도 끓을 (기체로 바뀌기 시작할) 수 있다.

주방의 한 수　언뜻 이해하기 어려울 수 있지만, 높은 고도에서는 물이나 수증기로 열을 전달하는 대부분의 조리가 낮은 온도에서 이루어지기 때문에 시간이 더 걸린다. 양다리 고기를 149℃와 191℃에서 익힐 때 시간 차이를 생각해보자. 해수면에서 고도가 152m 상승할 때마다 물의 끓는점은 0.5℃씩 낮아진다. 해발 914m에서 파스타를 알 덴테(파스타 면이 살짝 설익어 단단한 상태-옮긴

> 높은 고도에서는 물 분자를 누르는 공기 분자가 적어
> 물 분자가 기체로 바뀌는 데 에너지가 적게 필요하므로,
> 물이 100℃ 이하에서도 끓을 수 있다.

이)로 익히려면 해수면에서보다 시간이 25~50% 더 걸린다. 해발 1,524m에서는 고기 조리 시간을 25% 늘려야 한다(대부분의 레시피는 해수면 고도에 맞추어 쓰여 있기 때문이다). 또한 높은 고도에서는 음식이 더 빨리 마르므로 고기나 채소를 삶거나 물을 끓일 때 꼭 맞는 뚜껑을 사용해야 한다. 음식을 구울 때는 오븐 온도를 레시피에 쓰여 있는 온도보다 8~14℃ 높게 설정하고, 오븐 온도가 더 높으므로 조리 시간은 20~30% 줄여야 한다.

파스타 삶는 물에 기름을 넣으면
들러붙지 않을까?

대답 아니다.

요리의 과학 파스타는 대부분 전분으로 이루어져 있다. 전분은 당 분자가 사슬처럼 길게 연결된 거대 분자다. 파스타를 삶으면 전분 분자가 스펀지처럼 물을 흡수한다. 그 결과, 설탕을 물에 풀면 끈적해지는 것처럼 전분 표면 일부가 끈끈해진다. 파스타를 삶는 동안 전분 분자가 물에 풀어지는데, 냄비에 물이 충분하지 않으면 물이 전분으로 포화하여 파스타가 계속 끈끈해진다.

보통 파스타 삶는 물에 기름을 넣으면 파스타가 서로 들러붙지 않게 할 수 있다고 생각하지만, 기름은 물보다 밀도가 낮아 물 표면에 뜨므로 삶는 도중에는 파스타가 기름으로 코팅되지 않는다. 하지만 물에서 건질 때 파스타가 기름으로 코팅되면 소스를 끼얹어도 파스타가 붓지 않는다.

주방의 한 수 파스타를 삶는 동안 들러붙지 않게 하려면 건조 파스타 450g당 물 4ℓ가 필요하고, 삶는 동안 자주 저어야 한다.

> **"**
>
> 기름은 물보다 밀도가 낮아 물 표면에 뜨므로,
> 삶는 도중에는 파스타가 기름으로 코팅되지 않는다.
>
> **"**

고기와 채소는 같은 방법으로 조리해도 될까?

대답 아니다.

요리의 과학 음식이 조리되는 과정은 음식의 화학적 조성과 그 음식의 화합물이 열에 반응하는 방식에 따라 달라진다. 고기와 채소는 대부분 수분으로 이루어져 있지만, 고기는 단백질, 아미노산, 지방이 많이 포함되어 있는 반면, 채소는 주로 전분이나 섬유질 같은 탄수화물 복합체로 이루어져 있다. 생고기에 열을 가하면 고기 내부 온도가 올라가 근육 조직의 세포벽이 허물어지고 고기 단백질의 분자 배열이 깨진다(이 과정을 변성이라 한다). 그 결과 고기가 연해지면서 수분(육즙)을 내보낸다. 고기의 결합 조직을 구성하는 주요 단백질인 콜라겐도 조리 과정 중 수축하고 부드러워져 수분을 내보낸다. 계속 가열하면 육즙 속 아미노산과 당이 반응해 갈색을 띠고 우리가 아는 고기의 풍미와 향을 만든다(30쪽 질문 '음식은 왜 갈색이 될까? 마이야르 반응' 참고).

반면 채소를 조리하면 탄수화물이 풍부한 조직에서 수분이 빠져나온다. 물이 다른 조직에서 들어와 전분이 부풀어 풀어지고 세포벽이 터진다. 탄수화물, 특히 전분이 분해되면서 다당류나 단당류가 생긴다. 채소를 익힐 때도 갈변이 일어나지만, 채소에는 아미노산보다 당이 더 많으므로 채소의 풍미는 고기의 풍미와 상당히 다르다.

주방의 한 수 고기와 채소가 익는 과정은 다르지만, 둘 다 대부분 수분으로 이루어져 있다는 점은 같다. 넓게 보면 고기나 채소 조리의 핵심은 열을 이용해 물과 물의 특성을 조절하는 것이다.

음식은 왜 갈색이 될까?

- 마이야르 반응

요리의 과학 갈변은 음식에 풍부한 풍미와 기분 좋은 향을 부여하는 놀라운 화학 반응이다. 음식의 갈변 반응은 굽기, 시어링, 제빵 등 고온을 이용하는 대부분의 조리 과정에서 중요하다. 음식의 갈변에는 서로 다른 화학 반응이 일으키는 2가지 과정이 관여한다. 바로 마이야르 반응과 캐러멜화다(33쪽 참고). 마이야르 반응은 음식에 열을 가할 때 음식 표면에 있는 특정 아미노산과 단당류가 반응하여 풍미 성분을 만들고, 이 풍미 성분이 계속해서 지방이나 다른 아미노산과 반응해 다양한 풍미 성분을 만드는 과정이다. 풍미 성분은 대부분 빛을 강하게 흡수해 음식이 갈색

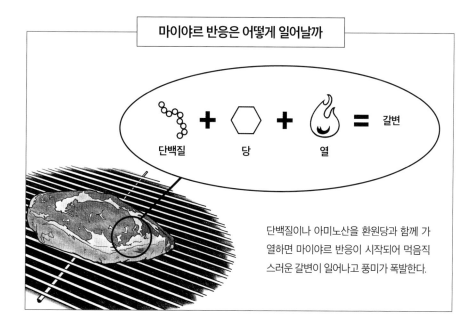

마이야르 반응은 어떻게 일어날까

단백질 + 당 + 열 = 갈변

단백질이나 아미노산을 환원당과 함께 가열하면 마이야르 반응이 시작되어 먹음직스러운 갈변이 일어나고 풍미가 폭발한다.

을 띠게 한다. 마이야르 반응이라는 이름은 1912년 아미노산과 단당류의 관계를 처음으로 발견한 루이 카미유 마이야르의 이름을 따서 지어졌다.

마이야르 반응은 기분 좋은 풍미를 만드는 기초이므로, 조미료 회사들은 천연 조미료와 인공 조미료를 생산할 때 마이야르 반응을 이용한다. 다양한 아미노산에서 마이야르 반응이 일어나면 서로 다른 풍미의 특성을 만들어낸다는 사실도 밝혀졌다. 예를 들어 고기 풍미를 만드는 가장 간단한 방법은 아미노산의 일종인 시스테인과 글루코스를 수 시간 반응시키는 것이다. 다른 아미노산과 당이 결합하면 캐러멜, 볶은 커피, 초콜릿, 채소 육수 풍미를 만들 수 있다.

빵, 양파, 감자, 고기처럼 다양한 아미노산과 단당류가 조합된 음식은 마이야르 반응을 일으키기에 이상적이다.

주방의 한 수 마이야르 반응을 일으키려면 음식을 138~149℃로 가열해야 한다. 레시피에서 오븐 온도를 177℃ 이상으로 맞추라고 하는 것도 이 때문이다. 시어링이나 굽기처럼 고온으로 조리하면 음식 표면이 마이야르 반응 온도보다 높은 온도에 빨리 도달해 음식이 타지 않고 익는다. 물론 138℃ 아래에서도 마이야르 반응이 일어날 수 있지만 시간은 훨씬 오래 걸린다.

음식은 왜 갈색이 될까?
- 캐러멜화

요리의 과학 캐러멜화는 당만 필요하다는 점에서 당과 아미노산 또는 단백질이 반응하는 마이야르 반응과 다르다. 캐러멜화는 당에 열을 가해 새로운 풍미 분자로 분해하는 과정으로, 우리가 아주 좋아하는 피넛브리틀, 크렘브륄레 같은 음식의 색과 풍미를 내는 데 중요하다. 캐러멜화라고 할 때 떠올리는 풍미에 영향을 주는 주요 당 분자는 말톨(캐러멜 풍미)과 퓨란(견과 풍미)이다. 당 종류마다 캐러멜화하는 온도도 다르다. 과일이나 양파, 콘 시럽, 꿀, 탄산음료에 많은 프럭토스는 110℃에서, 글루코스와 수크로스(설탕)는 160℃에서 캐러멜화되기 시작한다. 단백질이나 아미노산이 있다면 마이야르 반응과 캐러멜화가 동시에 일어날 수도 있다.

주방의 한 수 캐러멜화는 당이 많이 든 음식이나 디저트를 만들 때 견과나 캐러멜 풍미를 내는 데 중요하다. 레몬즙이나 크림 오브 타르타르(주석산-옮긴이) 같은 산을 첨가해 pH를 7 아래로 낮추면 캐러멜화가 더 빠르게 일어난다. 산을 넣으면 수크로스(설탕)와 물이 반응해 글루코스와 프럭토스로 분해되어 캐러멜 풍미를 내는 분자로 바뀌는 과정이 촉진된다.

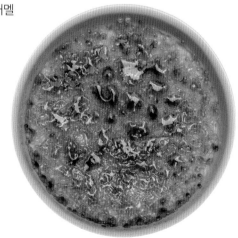

갈변을 증가시킬 수 있을까?

대답 그렇다.

요리의 과학 마이야르 반응은 pH에 큰 영향을 받으며, 알칼리성 음식은 산성 음식보다 더 깊은 갈색을 낸다. 하지만 마이야르 반응이 일어나면 산성 풍미 성분이 만들어지면서 산도가 높아져 마이야르 반응(과 갈변)이 느려진다. 전체적인 pH가 낮아지면 아미노산이 당과 덜 반응하기 때문이다. 하지만 산이 제거되면 마이야르 반응이 계속되어 더 많은 풍미 성분이 잇달아 생성된다. 음식의 산도를 낮추는 가장 간단한 방법은 알칼리성인 베이킹소다를 첨가해 pH를 높이는 것이다. 베이킹 레시피에서 베이킹파우더와 베이킹소다를 둘 다 사용하라는 것은 이 때문이다. 베이킹파우더는 팽창을 돕고 베이킹소다는 갈변을 촉진하는 한편 팽창이 더 잘 일어나게 한다.

마이야르 반응을 촉진하는 다른 방법으로는 음식에 유리 아미노산이나 당을 넣는 것이 있다. 주방에서 가장 친숙한 유리 아미노산은 달걀흰자다. 베이킹 레시피에서 반죽에 거품 낸 달걀흰자를 가볍게 바르라는 이유는 마이야르 반응을 이용해 먹음직스럽고 갈색이 나는 표면을 만들기 위해서다. 글루코스나 프럭토스, 락토스 같은 당을 첨가해도 마이야르 반응을 촉진할 수 있다. 흔히 이런 당의 재료로 콘 시럽, 탄산음료, 우유, 꿀, 아가베 시럽 등이 이용된다.

온도도 마이야르 반응에 중요한 영향을 끼친다. 다른 화학 반응과 마찬가지로, 온도를 높이면 마이야르 반응의 속도가 빨라진다. 온도를 높이는 방법은 마이야르 갈변 과정의 속도를 높이는 간단한 방법 중 하나지만, 이 방법은 어느 정도까지만 효과가 있다. 쿠킹 랩의 창립자이자 다수의 상을 받은 저서 『모더니스트 퀴진』의 공동 저자인 네이선 미어볼드에 따르면, 마이야르 반응에 최적인 온도는 138~179℃다. 시어링을 하면 스테이크 표면의 온도가 마이야르 반응 온도까지 빠

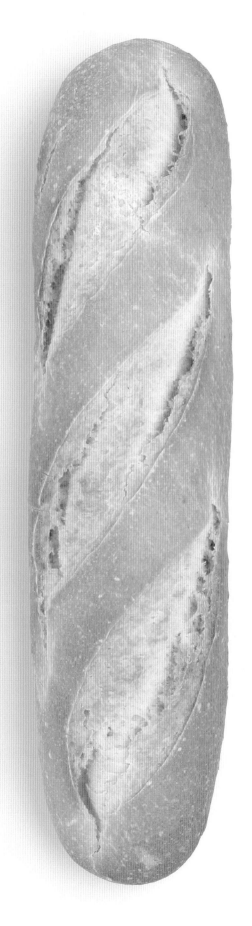

르게 올라서 거의 순간적으로 갈변이 일어난다. 하지만 179℃ 이상이 되면 탄화가 시작되어 쓴맛 화합물이 만들어지기 때문에 시어링을 너무 오래 하는 것은 권장되지 않는다. 오븐 브레이징braising(찌듯이 굽는 것-옮긴이)처럼 수분이 있는 경우에는 온도를 올려도 물이 끓는점인 100℃를 유지하려 하므로 음식 온도를 더 높이기 어렵다는 점도 기억해야 한다.

주방의 한 수 요식업계에서 가장 권위 있는 상 중 하나인 제임스 비어드상을 받은 요리책 『소금 지방 산 열』의 저자 사민 노스랏에 따르면, 음식을 빨리 갈변시키려면 음식 가장자리가 바삭해지기 시작한 후에 소금을 치거나 미리 소금을 쳐 두고 팬에 넣기 전에 키친타월로 톡톡 두드려 수분을 제거하면 된다. 소금을 치면 음식 표면으로 수분이 빠지는데 이 액체가 마이야르 반응을 방해하기 때문이다. 채소나 고기를 굽거나 소테sauté(센 불에서 소량의 기름으로 단시간에 조리하는 것-옮긴이)할 때 재료 사이에 공간을 충분히 두면 증기가 팬에서 빠져나가 마이야르 반응이 방해받지 않는다. 베이킹소다를 고기나 채소에 조금 뿌리면 아미노산이 더 잘 반응해 갈변을 촉진할 수 있다.

요리할 때 알코올이 날아갈까?

대답 어느 정도는 그렇다.

요리의 과학 치킨마살라에 와인을 넣을 때처럼 알코올을 사용하는 레시피에서는 알코올을 넣고 몇 분 동안 끓여 '알코올을 날려버리라'고 지시한다. 하지만 미국 농무부의 연구에 따르면 요리에 직접 불을 붙여 알코올을 날리는 조리법을 이용해도 증발하는 알코올은 25%뿐이다. 요리에서 알코올을 확실히 날려버리는 유일한 방법은 오랫동안 끓이는 것이다. 같은 연구에서는 2시간 반 정도 끓이면 원래 넣은 알코올의 4~6%만 남는다는 사실도 밝혀졌다.

주방의 한 수 요리에서 알코올을 완전히 제거하고 싶다면 무알코올 와인이나 맥주, 또는 다른 액체를 사용하자.

요리에 질 좋은 와인을 사용해야 할까?

대답 꼭 그렇지는 않다.

요리의 과학 '마실 수 없는 와인을 요리에 쓰지 말라'는 말을 들어보았을 것이다. 하지만 정말 요리용 와인의 품질도 중요할까? 2007년, 『뉴욕타임스』의 줄리아 모스킨은 저급 와인과 고급 와인을 여러 요리에 사용한 결과 거의 비슷한 맛을 낸다는 사실을 밝혀냈다. 어떻게 된 걸까? 조리 과정 중 알코올 일부가 날아가고(조리 시간이 길수록 알코올은 더 많이 증발한다), 와인의 독특한 풍미 성분도 거의 날아가기 때문이다. 조리 후 남는 화합물은 대부분 모든 와인에 공통으로 들어있는 것이다. 중요한 잔여물 중 하나는 와인 발효에 이용된 효모가 죽고 나서 천천히 썩는 잔해다.

효모에는 글루탐산, 이노신산, 구아닐산, 글루타티온처럼 감칠맛과 깊은 맛(59쪽 질문 '감칠맛은 정말 있을까?' 참고)을 내는 화합물이 가득 들어있어 요리에 향긋한 풍미를 준다. 와인 성분 중 타르타르산, 글리세롤, 타닌, 당, 미량 무기물 등은 조리 과정에서 증발하지 않는다. 타르타르산은 요리에 산미를 주고, 글리세롤과 당은 단맛을 더한다. 모든 화합물은 요리에 균형감을 준다. 물론 어떤 와인을 사용하느냐에 따라 분명 화합물 조성에 차이는 있지만, 사실 와인의 99.5%는 물과 에탄올이다. 와인 속 휘발성 풍미 성분(마실 때 '좋은' 와인이라고 느끼게 하는 특징)은 0.5%에 불과하다.

주방의 한 수 요리할 때는 저렴한 와인을 사용하고 좋은 와인은 마실 때를 위해 남겨두자. 하지만 레드 와인의 타닌 함량은 요리에 쓴맛과 수렴성을 줄 수 있으므로 주의해야 한다. 미디엄 바디의 부드러운 레드 와인을 사용하자. 단맛이 강한 와인도 조리 중 농축되어 요리의 균형을 깰 수 있으므로 주의해야 한다.

요리할 때 기름이 꼭 필요할까?

대답 도움이 된다.

요리의 과학 물은 편리하고 쉽게 얻을 수 있어 거의 모든 요리에 사용되는 액체지만, 끓는점 이상으로 온도를 올릴 수 없다는 제한이 있다(22쪽 질문 '수증기는 끓는 물보다 뜨거울까?' 참고). 하지만 마이야르 반응이나 크리스핑crisping(바삭하게 만드는 과정-옮긴이) 같은 재미있는 식품 화학 반응은 끓는점 이상에서 일어나는 경우도 많다. 이때는 기름이 필요하다. 액상 지방은 물보다 훨씬 높은 온도까지 가열되고 음식에 열을 재빨리 전달한다. 이런 특성 덕분에 음식 표면이 높은 온도까지 올라가 더 빨리 익고 풍미가 빠르게 생성되며 표면이 바삭해진다. 많은 풍미 분자들은 지용성이므로 기름을 넣으면 풍미가 농축되기도 한다. 기름 그 자체로도 맛있다는 점은 말할 필요도 없다.

또한 기름은 조리 과정을 돕기도 한다. 골고루 가열되지 않은 음식 표면에 열을 재분배하고, 냄비나 팬에 음식이 들러붙지 않게 한다. 가열하면 음식 속 단백질의 황 원자가 조리도구의 금속 표면과 화학 결합을 이루어 달라붙는다. 기름은 음식 속 단백질과 가열된 조리도구의 표면 사이에 막을 형성해 화학 결합이 형성되지 않게 한다.

주방의 한 수 기름으로 조리할 때는 팬의 바닥 전부를 골고루 기름 막으로 덮어야 한다. 그렇지 않으면 음식에 골고루 열이 전달되지 않아 어떤 부분은 덜 익고 풍미가 덜해진다.

기름의 종류가 중요할까?

대답 그렇다.

요리의 과학 기름, 특히 액상 지방의 과학적 원리는 상당히 복잡하다. 어떤 기름이든 다가 불포화지방과 단일불포화지방, 포화지방으로 구성되어 있다. 지방은 지방 분자의 구조에 따라 포화하거나 불포화된다. 지방은 3개의 지방산이 글리세롤 분자에 결합한 트라이글리세라이드로 구성되어 있다. 지방산은 다양한 길이의 탄소 원자로 이루어진 곧은 사슬 모양이다. 탄소 원자가 어떻게 결합하는지에 따라 지방산은 포화 결합과 불포화 결합으로 나뉜다. 포화 결합은 탄소 2개 가 모두 단일 결합을 이루고 있지만, 불포화 결합은 탄소 2개가 둘 이상의 결합을 이루고 있다. 포화지방산 또는 단일불포화지방산처럼 거의 포화 결합으로 이루어진 지방산은 열과 공기에 더 강하다.

불포화 결합이 많은 지방산, 즉 다가불포화지방은 타기 쉽고 보관할 때 산패되기 쉽다. 불포화 결합은 지방산 구조의 약점이다. 산소에 반응성이 높은 다가불포화지방을 많이 포함한 기름보다 포화지방이나 단일불포화지방이 많은 기름이 고온에 더 강하다.

> **기름의 풍미는 식물 원료에서 추출한 풍미 성분에서 나온다.**

기름 종류에 따른 차이

코코넛유처럼 포화 결합이 많은 기름은
열에 강하다. 올리브유처럼 불포화 결
합이 많은(더 불안정한) 기름은 타기 쉽고
공기와 반응할 가능성이 더 높다.

불포화 기름

포화 기름

기름의 발연점은 기름이 작은 조각으로 분해되어 기화하면서 연기를 내는 온도다. 코코넛유
는 98%가 포화지방과 단일불포화지방이므로 발연점이 232℃로 높아 튀김에 적합하다. 엑스트
라버진 올리브유는 대부분 단일불포화지방이지만 다가불포화지방을 15% 정도 함유하고 있어
발연점이 160~190℃ 정도로 낮으므로, 비교적 낮은 온도에서 조리하는 소테나 딥 또는 비네그레
트소스처럼 열을 가하지 않는 조리에 더 적합하다.

순수 기름은 포화지방이 많든 불포화지방이 많든 아무 맛이 나지 않는다. 기름의 풍미는 식물
원료에서 추출한 풍미 성분에서 나온다. 풍미가 강한 올리브유나 호두, 헤이즐넛, 참깨 같은 견과
나 씨앗의 기름이 그 예다. 풍미 분자를 고온에서 가열하면 증발하거나 산화되기 쉬우므로, 풍미
를 잘 보존하려면 열을 최소한으로 가하거나 아예 가열하지 않는 편이 좋다.

주방의 한 수 발연점이 높고 풍미가 중간 정도인 기름(아보카도, 코코넛, 땅콩, 채소, 옥수수 기름
등)은 튀김 같은 고온 조리에 좋다. 발연점이 낮은 기름(올리브, 해바라기씨, 홍화씨, 아마씨, 포도씨, 비
정제 코코넛 기름 등)은 소테나 베이킹 같은 저온 조리에 적합하다. 참기름이나 호두 기름은 풍미를
살려야 하는 샐러드드레싱처럼 익히지 않아도 되거나 먹기 직전 바로 섞는 음식에 좋다.

유제란 무엇일까?

요리의 과학 지방(보통 기름을 말한다)과 물은 보통 섞이지 않는다. 물과 기름을 같은 용기에 부으면 층을 이루며 분리된다. 하지만 물과 기름을 세차게 휘젓거나 기계적으로 섞으면 자연적인 반발력을 이겨내고 유제라는 균일한 혼합물을 형성한다.

유제에는 2가지 종류가 있다. 유중수적형(기름 속 물방울)과 수중유적형(물 속 기름방울)이다. 물(또는 식초처럼 물을 함유한 액체)을 기름에 넣고 세차게 휘저으면 물이 미세 방울로 깨져 기름 속에 골고루 퍼지며 유중수적형 유제가 만들어진다. 비네그레트소스를 만드는 올리브유가 그 예다. 수중유적형 유제는 그 반대다. 마요네즈, 홀렌다이즈소스, 버터, 크림이 이에 해당한다.

유제의 특징 중 하나는 섞으면 걸쭉해지는 것이다. 크기가 크고 천천히 움직이는 기름 분자가 작고 빨리 움직이는 물 분자의 운동을 방해하여 점도를 증가시키기 때문이다.

주방의 한 수 마요네즈나 홀렌다이즈소스 같은 유제를 만들 때는 인내심이 필수다. 세게 휘저어 미세 방울을 골고루 퍼지게 하는 데 시간이 걸리기 때문에 빨리 끝내버리려 하지 말고 느긋하게 만들어야 한다.

유제는 왜 잘 깨질까?

요리의 과학   앞서 설명했듯이, 유제를 만들 때는 물과 기름에 기계적인 힘을 가해 열심히 섞어야 한다. 하지만 새로 형성된 이 상태는 조화로워 보이지만 사실 불안정하다. 비네그레트소스를 예로 들자면, 물을 많이 포함한 식초방울은 서로를 끌어당겨 합쳐지고 점점 더 큰 방울을 만들어 결국 완전히 분리되어 나온다. 마찬가지로 기름방울도 서로를 끌어당긴다.

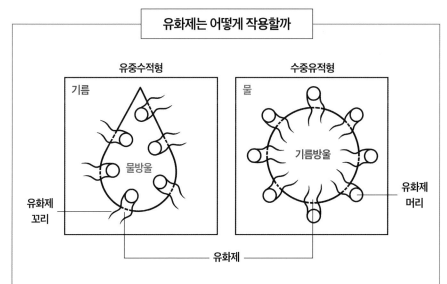

유화제는 친수성 머리와 친유성 꼬리로 이루어져 유제를 안정화하는 분자다. 친수성 머리는 유중수
적형 유제에서 안쪽 물방울을 향해 있고, 친유성 꼬리는 바깥쪽 기름 쪽을 향한다. 수중유적형 유제
에서는 그 반대다.

유제의 분리를 늦추거나 완전히 막고 초기 단계에서 유화를 도우려면 유화제라는 화합물을 넣으면 된다. 유화제는 소수성(물을 싫어하는 성질)과 친수성(물을 좋아하는 성질) 부분으로 이루어져 있다. 수중유적형 유제에 유화제를 섞으면 유화제의 소수성 부분이 기름방울에 붙고 친수성 부분은 물이 있는 바깥쪽을 향하며 기름방울을 둘러싼다. 이렇게 기름에 반발하는 보호막으로 둘러싸인 기름방울은 유제에서 분리되거나 응집되지 않고, 각 기름방울은 물로 둘러싸인 채 유지된다.

주방에서 흔히 사용하는 유화제에는 달걀흰자, 겨자, 다진 마늘, 버터 등이 있다. 유제에 대해 더 자세히 알고 싶다면 118쪽 질문 '마요네즈가 되직해지지 않는 이유는 무엇일까?'와 119쪽 질문 '홀렌다이즈소스를 만들 때 왜 분리될까?'를 참고하라.

주방의 한 수 비네그레트소스를 걸쭉하게 만들기 어렵다면 유화를 돕는 겨자나 다진 마늘을 넣어보자.

증점제의 종류가 중요할까?

대답 그렇다.

요리의 과학 현대 요리에서 사용하는 증점제(점도를 증가시키는 물질-옮긴이)는 아주 다양하다. 전통적으로는 옥수수 전분, 다목적 밀가루, 쌀가루, 감자 전분, 칡뿌리 가루, 타피오카 전분 등이 있지만 코코넛 가루, 치아시드, 차전자피 등 대체 증점제도 사용할 수 있다. 구아검, 잔탄검, 젤란검, 한천 가루 등 고성능 증점제도 있다. 증점제가 이렇게 많은데, 그중 어떤 증점제를 선택해야 할까? 증점제가 정확히 무엇이고 어떤 작용을 하는지 먼저 알아보자.

증점제는 대부분 전분이나 식이섬유에서 온 탄수화물 복합체다. 이 탄수화물은 수백, 수천의 당 분자가 화학적으로 결합하여 만든 긴 사슬 또는 망상 구조의 다당류다. 물에 당을 섞으면 물이 당 결정을 쉽게 둘러싸고 수화 겉층을 형성하기 때문에 당이 녹는다. 물은 증점제에 든 다당류 주위에도 수화 겉층을 형성하지만, 증점제의 탄수화물은 너무 커서 쉽게 물에 풀리지 않는다.

물에 든 증점제를 가열해 젤라틴화 온도라는 특정 온도에 도달하면 긴 당 사슬이 풀어진다. 이 온도에서는 당 사슬 사이의 수소 결합이 깨져 물 분자가 다당류 망의 깊은 틈에 끼어들고 다당

> **증점제는 대부분 전분이나 식이섬유에서 온 탄수화물 복합체다.**

류 분자가 부풀어 커진다. 동시에 부푼 다당류는 이웃한 다당류와 달라붙어 거대한 사슬과 망을 이룬다. 그 결과 우리가 아는 증점제의 효과가 일어난다. 수화된 다당류 망은 물 분자의 움직임을 느리게 하고 액체의 점성을 증가시킨다.

증점제의 화학적 조성은 물 흡수 속도와 망의 강도에 영향을 주어 요리의 점도를 바꾼다. 증점제 원료에 따라 증점제를 이루는 당 분자의 종류, 결합의 구조적 배열, 분자 망의 크기 등 단당류 조성이 다르다.

주방의 한 수 액체 한 컵에 밀가루 2큰술을 넣어서 섞으면 요리가 불투명한 무광이 된다. 특히 기름이나 버터에 밀가루를 1:1 비율로 섞어 넣고 가열하면 날 밀가루 맛이 나지 않고 밀가루가 골고루 퍼져 다른 액체를 섞어도 뭉치지 않는다. 감자나 칡뿌리, 옥수수, 타피오카 전분 같은 순수한 전분은 액체 한 컵에 1~2작은술의 비율로 사용하는 것이 좋다. 이런 전분을 사용할 때는 반드시 찬물에 미리 섞어 두어야 전분이 수화되고 뭉치지 않는다. 잔탄검이나 구아검처럼 아주 효과적인 증점제는 액체 1컵당 ⅛작은술 이하만 넣어도 된다. 잔탄검이나 구아검은 글루텐 프리 밀가루에 글루텐 효과를 주기 위해 흔히 사용된다.

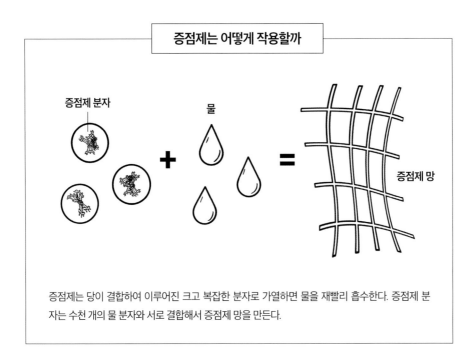

증점제는 당이 결합하여 이루어진 크고 복잡한 분자로 가열하면 물을 재빨리 흡수한다. 증점제 분자는 수천 개의 물 분자와 서로 결합해서 증점제 망을 만든다.

볶음밥은 왜 찬밥으로 만들어야 할까?

요리의 과학 쌀은 기본적으로 작은 입자로 뭉쳐진 전분 분자다. 쌀을 익히면 전분 입자가 물을 흡수해 붓고 터져 맛있는 전분 성분이 흘러나온다. 조리한 쌀을 냉장고에서 식히면 전분 분자가 노화 과정을 거쳐 천천히 재결정화되어 저항성 전분이라는 형태로 바뀐다. 결정화된 저항성 전분은 섬유질처럼 작용하여 볶을 때 보통 전분과는 다르게 반응한다. 일반 감자를 튀기면 감자 무게의 5%에 해당하는 기름을 흡수하는 반면, 저항성 전분이 많은 감자 품종은 단 1%에 해당하는 기름만 흡수한다는 연구 결과도 있다.

게다가 저항성 전분은 열량이 낮다. 보통 우리 몸은 아밀라아제라는 효소를 분비해 전분을 분해하여 소화기로 이동시킨다. 아밀라아제는 전분을 잘게 쪼개 소장에서 흡수되기 쉬운 형태의 당으로 바꾼다. 하지만 아밀라아제로 분해되기 어려운 결정 구조의 저항성 전분은 소장을 그대로 통과해 결장으로 이동한 후, 저항성 전분을 발효하는 유익균에 의해 독특한 생화학적 과정을 거쳐 소화된다. 감자나 빵, 파스타처럼 조리된 전분 음식도 식으면 노화 과정을 거쳐 저항성 전분을 만든다.

주방의 한 수 볶음밥 레시피에서 찬밥을 이용하라고 한다면 그대로 하자. 찬밥은 저항성 전분을 많이 포함하고 있어 갓 지은 밥보다 잘 볶인다. 레시피를 따르지 않고 갓 지은 밥으로 조리하면 볶음밥이 질척해진다.

제 2 장

풍미의 기초

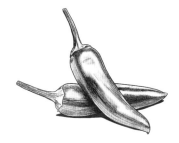

음식이 먹음직스럽게 느껴지는 것은 풍미 때문이다. 풍미에 숨겨진 복잡한 화학 작용이 없다면 음식은 아주 단조롭고 싫증 날 것이다. 마분지 같은 끔찍한 맛조차도 다양한 화합물이 만든 결과물이다. 풍미가 흥미로운 이유는 요리하면서 풍미를 조절할 수 있고, 맛있는 음식을 만드는 데 활용할 수 있기 때문이다. 이 장에서는 다양한 음식이 어떻게 맛을 내는지 알아보고, 요리에 풍미를 더하기 위해 이 지식을 어떻게 활용할지 알아보자.

우리는 맛을 어떻게 느낄까?

요리의 과학　혀에는 혀유두라는 작고 오돌토돌한 돌기가 있고, 이 돌기는 미뢰로 채워져 있다. 각 미뢰는 10~50개의 감각 세포로 채워져 있는데, 이 감각 세포에는 미각털이라는 돌기가 있

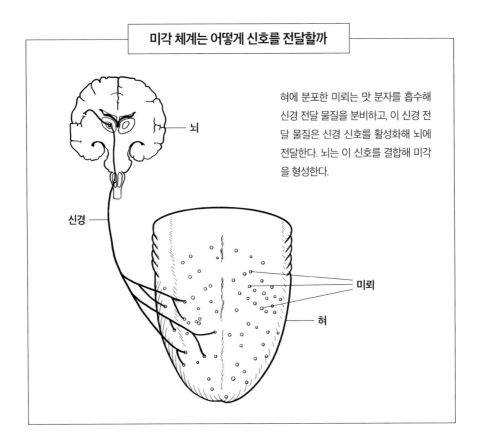

미각 체계는 어떻게 신호를 전달할까

혀에 분포한 미뢰는 맛 분자를 흡수해 신경 전달 물질을 분비하고, 이 신경 전달 물질은 신경 신호를 활성화해 뇌에 전달한다. 뇌는 이 신호를 결합해 미각을 형성한다.

뇌

신경

미뢰

혀

다. 설탕 같은 맛 분자가 미각털에 닿으면 미각털 표면에 늘어선 독특한 모양의 단백질이 맛 분자와 결합해 감각 세포 안으로 연쇄 화학 신호를 전달한다. 이어 감각 세포가 신경 전달 물질을 분비하고, 이 신경 전달 물질은 세포 바깥에 붙어있는 신경섬유와 작용한다. 신경섬유는 신경 전달 물질에서 받은 화학적·전기적 신호를 전기 케이블 속 전선처럼 다닥다닥 붙어있는 신경 다발을 통해 뇌로 전달한다. 뇌에서는 이 신호를 감지하고 처리해 마침내 미각을 만든다. 이 모든 일은 단 몇 데시초(0.1초-옮긴이) 만에 일어난다.

인간의 혀에는 2,000~8,000개의 미뢰가 있다. 미뢰 중 절반에는 단맛, 신맛, 쓴맛, 짠맛, 감칠맛 등 5가지 기본 맛 요소와 반응하는 감각 세포가 있다. 나머지 미뢰는 특정 맛 요소에 특화되어 있고 맛의 강도를 식별한다. 맛에 대한 오래된 오해 중 하나는 각 미뢰가 혀의 특정 영역에 분포한다는 믿음이다. 단맛 수용기는 혀끝에, 쓴맛 수용기는 혀 안쪽에 있다는 식이다. 하지만 혀 안쪽에 좀 더 많이 분포된 쓴맛 미뢰만 제외하면 사실 각 미뢰는 혀에 골고루 퍼져 있다. 과학자들의 설명에 따르면 혀 안쪽이 특히 쓴맛에 민감한 덕분에 우리는 독성이 있거나 상한 음식을 삼키지 않고 뱉어낼 수 있다.

주방의 한 수 자신의 혀를 믿자. 인간의 미각 체계는 수백만 년 동안 시행착오를 거치며 진화해왔다. 혀는 인간이 사용할 수 있는 가장 예민한 감각기 중 하나로 다양한 화학 물질을 쉽게 감지한다. 음식에서 상하거나 의심스러운 맛이 난다면 그럴 만한 이유가 있으므로 즉시 뱉어내야 한다.

풍미를 느끼는 데 영향을 주는 요소는 무엇일까?

요리의 과학　풍미를 느끼는 과정에 숨겨진 원리는 매우 복잡하다. 풍미는 대부분 비강 통로에 있는 후각 기관에서 느껴진다. 5가지 기본 맛과 감각(박하의 시원함이나 매운 향신료의 뜨거움 등)만 혀에서 느껴진다. 음식을 먹으면 풍미 분자가 혀 안쪽으로 이동하고 계속해서 냄새를 맡는 비강 안쪽으로 이동한다. 뇌는 이 감각을 한데 모아 완벽한 풍미 지각 지도를 그린다. 그래서 감기에 걸리거나 알레르기 때문에 코가 막히면 과도하게 분비된 점액이 후각 수용기와 풍미 분자 사이를 막아 맛을 잘 느끼지 못한다.

풍미 지각은 음식 자체에서 시작된다. 음식의 물리적·화학적 특성에 따라 풍미 분자가 분비되는 방법이 다르기 때문이다. 음식에 들어있는 단백질, 탄수화물, 지방, 염분의 종류도 풍미와 향 분자가 분비되는 속도에 영향을 준다. 온도 역시 풍미 지각에 영향을 주는데, 온도가 달라지면 각 풍미 분자의 증발 속도가 달라져 결국 풍미 분자가 미각과 후각 수용기에 도달하는 속도에 영향을 주기 때문이다.

풍미 분자가 음식에서 입으로 들어오면 다른 요소가 작용한다. 뇌는 다양한 풍미 감각을 통합

풍미를 느끼는 과정에 숨겨진 원리는
매우 복잡하다.

해 다양한 조합에 따라 서로 다른 풍미를 느낀다. 오렌지주스를 아침 식사 때 마실 때와 양치한 직후 마실 때 어떻게 맛이 다른지 생각해보라. 혀에 코팅된 세균은 지난 밤 먹은 음식을 천천히 분해해 냄새를 유발하는 화합물을 분비하고, 이 화합물은 후각 수용기에서 감지되어 음식의 풍미에 영향을 준다. 혀에 서식하는 미생물군도 사람마다 다른데, 우리가 먹은 음식을 이 세균이 소화해 만드는 향 화합물도 사람에 따라 다르다.

후각 기관은 감각 피로를 겪기도 한다. 감각 피로는 뇌가 특정 풍미를 느끼는 작업에 지쳐서 이제 그만하겠다고 선언하는 변덕스러운 과정이다. 뇌는 길고 지루한 자극보다 새로운 자극에 더 민감하다. 특징이 강한 음식을 먹으면 식사하는 동안 풍미 지각이 약해진다. 주요리에 다른 요리를 곁들여 먹으면 이런 감각 피로를 줄일 수 있다.

주방의 한 수 식사 과정에 다양한 풍미를 더하면 후각을 자극하고 감각 피로를 줄이거나 막을 수 있다. 향수의 향이 시시각각 변하듯, 식사가 진행되면서 특정 음식의 강한 풍미가 다른 풍미와 상호 작용하거나 압도하고 묻어버릴 수도 있다. 식사를 준비할 때는 풍미 조합을 고심하자.

맛과 풍미는 같은 의미일까?

대답 아니다.

요리의 과학 누군가 음식이 '풍미가 좋다'고 하고 다른 사람은 '맛있다'고 한다면 당신은 두 사람이 음식에 대해 똑같이 느꼈다고 생각할 것이다. 하지만 과학계에서 보는 맛과 풍미라는 개념은 비슷하지만 조금 다르다. 풍미의 한 요소인 맛은 특정한 음식 화합물이 혀의 미뢰와 반응해 단맛, 신맛, 쓴맛, 짠맛, 감칠맛 등 5가지 기본 맛을 끌어내는 신체적 감각이다. 이 기본 맛은 뇌로 신호를 보내 음식에 당(단맛), 산(신맛), 독(쓴맛), 미네랄(짠맛), 아미노산(감칠맛)이 들어있다고 알린다.

반면 풍미는 음식을 먹고 맛과 냄새, 소리, 색깔, 질감, 신체적 감각, 감정, 기억이 통합되어 느껴지는 주관적 경험이 뒤섞인 만화경 같은 체험이다. 풍미는 음식에 대한 통합적인 경험이며, 맛과 향에 크게 영향받는다. 음식에서 나는 향 화합물이 콧구멍이나 입안 뒤쪽 통로인 비인두를 통해 들어오면 냄새 지각이 활성화된다. 이 과정이 비후방 후각이다. 맵고, 뜨겁고, 차갑고, 바삭하고, 부드럽고, 크리미한 감각이나 식감 역시 뇌로 이동한다. 뇌는 이 신호를 받아 처리해 지금 먹고 있는 음식을 과거의 기억이나 감정과 엮어 익숙한 무언가를 발견하려 한다. 화학적 향이 조합된 향수 냄새를 맡으면 감각, 기억, 느낌이 얽힌 복잡한 망이 형성되는 것처럼, 제대로 준비된 식사에서 풍기는 복합적인 풍미도 현기증 날 정도로 다양한 주관적인 경험을 끌어낸다.

주방의 한 수 다양한 맛과 향, 식감이 마음속에서 다양한 반응을 어떻게 끌어내는지 천천히 느껴보자. 이런 감각은 음식을 경험하고 음식의 섬세한 차이를 느끼며 식사를 더욱 즐길 방법을 배우는 중요한 요소다.

환경이 음식의 맛에 영향을 줄까?

대답 그렇다.

요리의 과학 기내식은 왜 그렇게 맛이 없는지 궁금한 적이 있는가? 비행기에서 음식이 맛없게 느껴지는 이유는 음식 자체(분명 어느 정도 영향은 있겠지만)보다 환경의 영향이 더 크다는 사실을 알면 깜짝 놀랄 것이다. 공기가 건조하고 기압이 낮으며 엔진 소리도 시끄러운 기내에서는 미뢰와 냄새 감각의 민감도가 낮아진다. 이런 환경 요인은 다

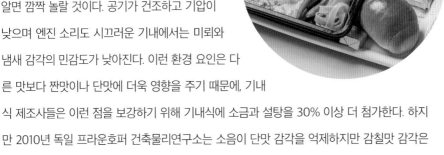

른 맛보다 짠맛이나 단맛에 더욱 영향을 주기 때문에, 기내식 제조사들은 이런 점을 보강하기 위해 기내식에 소금과 설탕을 30% 이상 더 첨가한다. 하지만 2010년 독일 프라운호퍼 건축물리연구소는 소음이 단맛 감각을 억제하지만 감칠맛 감각은 향상한다고 밝혔다. 감칠맛을 내는 글루탐산이 풍부한 토마토주스가 기내 음료로 흔히 제공되는 것도 이 때문이다.

음악과 소리도 음식의 맛과 풍미에 놀라운 영향을 미친다. 옥스퍼드대학교 실험심리학 교수인 찰스 스펜스는 소리와 음식 섭취 경험에 강한 연관관계가 있다는 사실을 밝혀냈다. 스펜스 교수와 다른 연구진은 실험 참가자들이 5가지 기본 맛을 특정 음색이나 음고와 일관되게 연관시킨다는 사실을 발견했다. 참가자들이 토피넛을 먹는 동안 '단맛' 음색의 음악을 들려주면 참가자들은 토피넛이 더 달다고 보고했다. '쓴맛' 음색의 음악을 들려주면 같은 토피넛을 먹는데도 더 쓰

음악과 소리도 음식의 맛과 풍미에
놀라운 영향을 미친다.

다고 말했다. 스펜스와 그의 연구진은 다른 실험을 통해 초콜릿의 크리미함과 단맛을 증폭시키는 음악을 고안했는데, 요즘 쇼콜라티에들은 이런 음악을 활용해 소비자들이 초콜릿을 더 맛있게 느끼도록 유도한다. 하지만 소리와 맛의 관계는 단맛에만 한정되지 않는다. 많은 고급 레스토랑은 소리와 맛이 연관된다는 사실을 이용하여 분위기를 향상시키고 고객들이 더 멋진 경험을 하도록 유도한다.

주방의 한 수 다양한 음악이 미뢰에 어떤 영향을 주는지 실험해보자. 음식에 딱 맞는 음악을 틀면 실제로 식사를 풍성하게 만들 수 있다. 음고가 낮은 금관악기 소리는 쓴맛을 증폭하고 음고가 높은 피아노 소리는 단맛을 끌어낸다.

음식이나 풍미에 궁합이 있다는 믿음은
과학적 근거가 있을까?

대답 그렇다.

요리의 과학 땅콩버터와 젤리, 베이컨과 달걀 같은 음식은 함께 먹을 때 더 맛있다. 피노 그리 와인과 해산물, 진판델 와인과 향신료 맛이 강한 요리도 궁합이 잘 맞는다. 이 현상을 설명하는데는 영국 셰프인 헤스턴 블루멘탈이 개발한 푸드 페어링 이론이 도움이 된다. 블루멘탈의 이론에 따르면 하나 이상의 풍미 분자가 겹치는 재료나 음식을 조합하면 그렇지 않은 경우보다 더 잘 어울린다. 컨템포러리 레스토랑들은 이 이론을 이용해 낯선 음식을 페어링해서 기분 좋은 맛을 내도록 시도한다. 예를 들어 초콜릿과 블루치즈는 풍미 분자가 73% 일치하므로 서로 재미있는 짝꿍이 된다. 이 이론에서 아직 밝혀내지 못했지만 예상을 뒤엎는 페어링에는 딸기와 완두콩, 캐비어와 화이트초콜릿, 해리사(후추와 기름으로 만드는 북아프리카의 소스-옮긴이)와 건살구 등이 있다.

주방의 한 수 푸드 페어링을 한낱 흥미로운 이론 정도로 지나치지 말고 재미있는 요리 실험 도구로 활용해보자. 푸드페어링닷컴(foodpairing.com) 같은 웹사이트는 고기, 채소, 향신료, 주스나 다른 식재료에 든 수천 가지 풍미 성분을 나열해두어 새로운 음식 궁합을 시도할 때 좋은 참고자료가 된다.

감칠맛은 정말 있을까?

대답 그렇다.

요리의 과학   1908년 일본의 화학자 이케다 기쿠나에는 풍미 넘치는 음식을 먹었을 때 느껴지는 즐거운 맛 경험을 일컫는 '감칠맛(우마미)'이라는 용어를 처음 만들었다. 아내가 만들어준 국물이 유난히 맛있게 느껴진 어느 날, 이케다는 감칠맛을 처음 인식했다. 국물에 무엇을 넣었는지 묻자, 아내는 평소보다 다시마를 조금 더 넣었을 뿐이라고 대답했다. 이케다는 감칠맛을 내는 화합물이 무엇인지 정확히 밝히려 했다. 1년간 각고의 노력으로 수 ㎏의 다시마를 추출한 끝에, 이케다는 글루탐산이라는 아미노산이 감칠맛을 낸다는 사실을 밝혀냈다.

감칠맛 감각은 인간이 음식 속 단백질을
감지하기 위해 진화했다.

글루탐산은 해조류, 간장, 된장, 토마토소스, 숙성치즈, 효모추출물 등 여러 음식에 들어있다. 음식에 감칠맛을 더하기 위해 수 세기 동안 사용된 재료다.

하지만 감칠맛이 글루탐산에서만 나오지는 않는다. 식물과 동물, 곰팡이, 세균이 효소로 DNA를 분해해 만든 이노신산과 구아닐산도 감칠맛을 끌어낸다. 피시소스, 안초비, 육수, 버섯, 고기 등에는 이노신산과 구아닐산이 풍부하다.

감칠맛에 숨겨진 화학 이론은 1908년 밝혀졌지만, 감칠맛이라는 개념은 수십 년 동안 과학계의 저항에 부딪혔다. 하지만 1996년, 과학자들은 사람에게 글루탐산 맛 수용기가 있다는 사실을 처음 발견했다. 이후 감칠맛을 내는 화합물에 관여하는 아미노산 맛 수용기가 연이어 발견되면서 감칠맛이 다섯 번째 기본 맛이라는 생각이 굳어졌다.

글루탐산은 여러 단백질의 주성분이므로, 감칠맛 감각은 인간이 음식 속 단백질을 감지하기 위해 진화했다고 여겨진다. 단맛이 탄수화물을 감지하고, 짠맛이 미네랄을, 신맛이 산을, 쓴맛이 독성을 감지하도록 돕는 현상과 마찬가지로, 감칠맛을 느끼는 능력은 초기 인류가 어떤 음식에 주요 영양소인 단백질과 아미노산이 풍부한지 빨리 파악할 수 있도록 도왔을 것이다.

주방의 한 수 감칠맛 있는 음식의 풍미를 더욱 돋우고 싶다면 글루탐산, 이노신산, 구아닐산 삼총사를 더해보라. 세 화합물을 함께 사용하면 시너지 효과를 내어 따로 넣을 때보다 훨씬 진한 감칠맛을 낸다. 우스터소스나 피시소스(이노신산과 구아닐산 포함) 또는 간장(글루탐산 포함) 몇 작은술을 넣으면 요리의 감칠맛이 한층 깊어진다.

소금을 넣으면 왜 맛이 더 좋아질까?

요리의 과학　폴 브레슬린과 게리 보샹은 필라델피아의 유명한 모넬화학감각연구소에서 1990년대 중반 함께 일했다. 두 연구자는 음식에 소금을 넣으면 왜 풍미가 향상되는지 궁금해 했다. 왜냐하면 그때까지 발표된 모든 연구에서 소금만으로는 풍미에 거의 영향을 주지 않거나 오히려 풍미를 억누른다고 알려졌기 때문이다. 1997년 브레슬린과 보샹은 소금과 미뢰 사이에 정확하게 어떤 일이 일어나는지 연구하기 시작했다.

브레슬린과 보샹은 실험 참가자들에게 쓴맛과 단맛 화합물, 소금이 다양하게 조합된 물질을 맛보게 했다. 그 결과 쓴맛과 단맛 화합물에 소금이 든 시료를 맛본 참가자들은 소금이 빠진 시료를 맛본 참가자들보다 단맛이 두드러지게 강하다고 느꼈다. 반면 단맛 화합물과 소금만 넣었을 때는 단맛이 증가하지 않았다. 두 연구자는 소금이 선택적으로 쓴맛을 억제해 다른 맛과 풍미를 강화한다고 생각했다. 저염 식품이 소비자에게 그다지 인기가 없는 이유는 이 때문일지도 모른다. 다른 풍미를 충분히 느끼려면 소금이 필요하다.

주방의 한 수　소금은 음식에 감칠맛을 더할 뿐만 아니라 쓴맛을 억제하고 단맛을 끌어낸다. 소금이 음식의 풍미에 미치는 영향을 직접 실험해보라. 일반적으로 소금을 넣지 않는 음식(과일이나 아이스크림 등)에 소금 한 자밤을 넣어 보면 소금이 맛에 어떤 영향을 주는지 알 수 있다. 쓰다고 느껴지지 않는 음식에도 약간의 쓴맛 분자가 들어있어 쓴맛 수용기에 결합해 음식에 쓴맛이 있다는 배경 신호를 뇌에 전달한다. 소금을 조금만 넣어도 쓴맛 분자를 방해해 단맛을 더 끌어낼 수 있다.

소금의 종류가 중요할까?

대답 그렇다.

요리의 과학 기본적으로 모든 소금은 화학적으로 똑같다. 소금은 모두 염화나트륨이다. 하지만 소금의 종류에 따라 불순물의 유무와 결정의 크기, 모양, 질감이 다르다. 이 차이 때문에 요리에 소금을 넣었을 때 풍미가 미묘하게 달라진다.

식탁염은 소금 광산에서 직접 캐낸 것으로 입자가 매우 곱고 결정화되어 있다. 요오드화(요오드화나트륨을 첨가)한 소금을 먹으면 정상적인 갑상선 기능에 중요한 미네랄인 요오드를 섭취할 수 있다. 또 식탁염에는 소금이 굳어지지 않도록 하는 고결방지제가 들어있다. 그래서 음식이나 혀에서 바로 녹아 다른 소금보다 더 짜게 느껴진다. 그리고 입자가 고우므로 1큰술 가득 담았을 때 굵은 소금보다 많이 담긴다. 요오드 맛이 느껴져 쓰고 금속성 뒷맛이 난다는 사람들도 있다.

히말라야 소금 역시 소금 광산에서 캐낸 것으로 식탁염과 비슷하지만, 철과 구리가 약간 들어있어 분홍빛을 띠고 풍미가 미세하게 다르다. 보통 식탁염보다 입자가 굵다.

코셔 소금은 보통 소금 퇴적층에서 캐낸 것으로 입자가 굵다. 다이아몬드 크리스털 브랜드의 코셔 소금은 알버거 공정이라는 특허받은 공법으로 만드는데, 이 공정은 소금을 기계적으로 증발시키고 증기를 가해 식탁염보다 입자가 굵지만 밀도가 낮고 잘 녹는 박편 소금을 만드는 방법이다. 코셔 소금은 밀도가 낮아 짠맛이 강하지 않고, 결정 크기가 커서 한 수저에도 식탁염보다 적은 양이 들어간다. 코셔 소금도 요오드화나트륨이 들어있지 않아 요오드화된 식탁염보다 깔끔한 풍미를 낸다. 코셔 소금은 독특한 풍미 때문에 다른 소금으로 대체하면 요리의 맛이 달라질 수 있다.

> ## 코셔 소금은 밀도가 낮아
> ## 짠맛이 강하지 않다.

바닷소금도 있다. 바닷소금은 바닷물을 증발시켜 만들기 때문에 마그네슘, 칼슘, 브롬, 자연적으로 생성된 요오드 등 여러 미네랄이 들어있다. 어느 바닷물로 만들어졌는지에 따라 성분이 다르지만, 다른 소금과 풍미가 크게 다르지 않다. 증발 방식에 따라 얇은 박편이거나, 속이 비거나, 쉽게 녹거나, 아주 굵어서 음식에 잘 달라붙지 않는 등 굵기가 다양한 입자가 만들어진다.

주방의 한 수 소금의 종류에 따라 결정의 굵기와 용해도가 다르므로, 다른 소금을 사용하면 요리의 결과가 달라진다. 적당한 짠맛을 원한다면 코셔 소금이 좋고, 베이킹에 사용할 때처럼 빨리 녹는 소금이 필요하다면 식탁염이 좋다. 레시피를 따라 할 때는 소금의 종류를 눈여겨보자. 레시피에서 소금의 양을 지정할 때는 저자가 어떤 소금을 추천했는지 꼭 확인해야 한다. 다른 소금을 쓰면 요리를 완성했을 때 너무 짜거나 반대로 짠맛이 부족할 수도 있다.

지방은 왜 맛있을까?

요리의 과학　과학자들은 포유동물이 지방 분자와 결합하는 CD36이라는 맛 수용기를 갖고 있다는 사실을 발견했다. 이 수용기 유전자를 제거한 쥐는 지방을 그다지 좋아하지 않지만, 정상적인 쥐는 계속 지방을 탐닉한다. 다른 연구에서는 CD36 수용기가 과다 발현된 사람은 적게 발현된 사람보다 음식 속 지방의 맛과 냄새에 더 예민하다는 사실도 밝혀졌다. 지방을 먹으면 즐거움이나 행복한 감정을 유도하는 신경 전달 물질인 세로토닌이 뇌 회로에서 분비되는데, 이 과정에도 CD36 수용기가 관여한다.

　하지만 우리가 기름진 음식을 좋아하는 것은 유전자의 영향 때문만은 아니다. 지방은 고유한 물리적·화학적 특성 덕분에 다른 음식의 풍미와 식감을 풍부하게 만든다. 지방은 목본성 허브, 향신료, 고기 등에 든 지용성 풍미 성분을 녹여내는 용매 역할을 한다. 풍미 분자의 용출 속도를 느리게 하고 후각 기관에 노출되는 시간을 늘려 풍미를 느끼는 즐거움을 배가하기도 한다. 게다가 음식을 기름으로 튀기거나 구우면 마이야르 반응(30쪽 참고)이 일어나 다른 조리법으로는 따라 할 수 없는 매력적인 바삭한 식감과 풍미 분자가 만들어진다.

주방의 한 수　맛있는 소스에 숨겨진 비밀은 대부분 지방이다! 부드러운 소스를 간편하게 만들려면 팬에 스테이크나 양고기를 시어링한 다음 와인이나 스톡을 첨가해 데글레이즈^{deglaze}(고기를 굽거나 튀긴 후 팬의 바닥에 눌어붙은 것을 국물을 넣어 끓여 녹이는 것-옮긴이)하면 된다. 그다음 버터를 1큰술씩 몇 번에 나누어 넣으면서 저으면 크리미한 유제를 만들 수 있다.

Q ————————————————————

어떤 사람들은 왜 고수에서
비누 맛이 난다고 느낄까?

요리의 과학　고수의 풍미에는 6가지 정도의 화합물이 영향을 준다. 대부분은 알데하이드 화합물인데, 알데하이드에 유전적으로 예민한 사람들은 비누 맛이 난다고 느낀다. 이런 후각 수용기 유전자의 변이는 동아시아인, 아프리카인, 백인의 14~21%, 남아시아인, 라틴아메리카인, 중동인의 3~7%에서 일어난다. 알데하이드는 비누 제조 과정의 부산물이기도 하므로, 재미있게도 어떤 사람들은 감각 경험에 비추어 고수에서 비누 맛이 난다고 느끼는 것이다.

주방의 한 수　고수 맛을 견디기 힘들면 이 방법을 시도해보자. 고수에는 비누 맛 알데하이드를 분해하는 효소가 들어있어, 알데하이드를 아무런 향이 나지 않는 화합물로 점차 바꾼다. 고수 잎을 다지거나 갈거나 으깨어 페이스트로 만들면 이 효소가 나오므로, 15분 정도 그대로 둔 다음 사용하면 된다.

음식과 와인에서 떼루아가 중요할까?

대답 꼭 그렇지는 않다.

요리의 과학 떼루아^{terroir}(작물을 생산하는 데 영향을 주는 토양, 기후 따위의 조건-옮긴이)는 특정 지역에서 생산된 음식의 고유한 맛과 향에 영향을 미치는 환경적 요인을 일컫는 모호한 용어다. 떼루아라는 용어는 흔히 와인을 설명할 때 사용되지만 초콜릿, 커피, 홉, 후추, 토마토 등에도 사용된다. 떼루아에 포함되는 환경적 요인에는 토양의 pH, 미네랄 조성, 기후, 경작법 등이 있으며, 이런 요인은 농작물은 물론 이 농작물로 만드는 음식과 와인의 풍미 특성에도 영향을 준다고 한다. 와인 라벨에 적힌 떼루아를 보면 와인의 미네랄 풍미나 흙 맛이 와인의 원료인 포도가 재배된 지역의 지리적 특성에서 왔다는 사실을 짐작할 수 있다.

떼루아는 멋진 개념이지만 상당히 논란의 여지가 있다. 캘리포니아대학교 데이비스 캠퍼스의 포도 재배학 교수인 마크 매튜스는 떼루아가 과학적 근거는 거의 없는 마케팅 전략에 불과하다고 주장한다. 식물은 토양의 복합 미네랄을 흡수할 수 없으므로, 토양이 와인이나 음식의 맛에 직접적인 영향을 미칠 수 없다는 과학 논문도 발표된 바 있다. 토양 같은 환경적 요인이 수분 보존율, 영양소 조성, 식물 생리학에 간접적인 영향을 주어 음식의 풍미가 달라질 수는 있다. 하지만 떼루아는 실제로 음식의 특성에 영향을 주는 확실한 과학적 요소라기보다, 와인이나 식품 산업의 마케팅 요구에 따라 만들어진 두루뭉술한 표현에 가깝다.

Q

마리네이드하면 음식에 풍미가 스며들까?

대답 때에 따라 그렇다.

요리의 과학 마리네이드marinade(식재료를 조리하기 전에 양념에 재우는 것 또는 그 양념장-옮긴이)는 보통 식초나 와인, 요구르트에 풍미를 내는 다른 재료를 섞은 산성 양념이다. 이론적으로 마리네이드는 산성이므로 음식 표면의 조직을 분해해 안으로 스며들어 풍미를 낸다. 하지만 이는 사실과 다르다. <아메리카스 테스트 키친(미국 TV 요리 프로그램-옮긴이)>의 실험에 따르면, 닭가슴살을 18시간 마리네이드해도 양념의 풍미는 겨우 1~3㎜ 스며들 뿐이다. 더 오래 재워두면 될 것 같지만 사실 그다지 적절한 방법은 아니고, 심지어 다른 문제가 생길 수도 있다. 특히 해산물 같은 음식을 너무 오래 마리네이드하면 단백질이 산에 녹아 흐물흐물해진다. 실제로 음식에 스며들어 풍미를 내는 밑간은 소금이나 간장, 피시소스 정도다. 소금은 근육 세포를 깨서 밑간이 조직 속으로 더 깊이 스며든다. 소금을 많이 사용하면 세포를 파괴해 마리네이드가 더 스며들 수 있지만, 너무 짜게 될 수도 있으므로 주의해야 한다. 너무 짜면 고기의 풍미에 좋지 않은 영향을 준다.

주방의 한 수 풍미를 제대로 내려면 밑간에 소금을 많이 사용해야 한다. 풍미를 내는 가장 간단한 방법은 간장이나 피시소스처럼 소금이 듬뿍 든 양념을 사용하는 것이다. 간장 ¼컵이나 피시소스 ½컵, 또는 이 둘을 섞어 사용하거나 식초 같은 다른 액상 재료에 1:1로 섞어 사용할 수도 있다. 고기를 소금이 든 양념에 2시간 정도 재우면 양념의 풍미가 푹 젖어 든다.

흑후추의 톡 쏘는 맛은 어디에서 올까?

요리의 과학 흑후추에는 감귤향, 나무향, 꽃향과 더불어 피페린이라는 주요 풍미 분자가 들어있다. 피페린은 고추의 매운맛 분자인 캡사이신과 동일한 수용기를 활성화하지만 피페린의 매운맛 강도는 캡사이신의 1%밖에 되지 않으므로, 흑후추를 씹었을 때의 매운맛은 아주 매운 고추를 먹었을 때보다 훨씬 빨리 사라진다.

음식에 풍미를 더하는 것 이외에도 후추의 장점은 다양하다. 피페린은 소화를 돕는 침과 담즙의 분비를 촉진한다. 또한 해독에 관여하는 간 효소의 활성을 상당히 억제하는데, 이 때문에 몸에 좋은 허브나 향신료 속 화합물이 혈류에 오래 남아 우리 몸으로 흡수되는 가능성과 속도가 높아진다. 후추를 먹으면 건강해진다는 심리적 연상 작용 덕분에 후추 친 음식이 더 맛있게 느껴지는지도 모른다.

주방의 한 수 흑후추가 빛에 노출되면 후추 속 피페린이 아무 맛이 나지 않는 이소카비신으로 바뀌어 효과가 사라진다. 특히 후추를 미리 갈아두면 풍미가 날아간다. 그러므로 요리에 후추의 강한 풍미를 더하고 싶다면 사용하기 직전에 갈고, 통후추는 햇빛과 열이 닿지 않는 곳에 밀폐하여 보관해야 한다. 후추의 풍미를 보존하려면 요리를 마무리할 때나 서빙하기 바로 전에 뿌리자.

생강은 왜 맵고 열을 낼까?

요리의 과학   풍미 분자의 모양과 구조는 풍미와 맛감각에 중요하다. 신선한 생강이 얼얼한 풍미를 내는 까닭은 진저롤이라는 분자 때문이다. 진저롤의 화학 구조는 고추의 매운맛을 내는 캡사이신의 화학 구조와 비슷하다. 진저롤과 캡사이신은 둘 다 매운맛 분자와 결합하는 캡사이신 수용기에 결합하여 매운맛 신호를 신경 체계로 보내 열감과 통증 감각을 유발한다. 캡사이신 수용기와 강하게 결합하는 고추냉이, 겨자무, 흑후추 같은 분자는 모두 비슷한 효과를 낸다. 하지만 생강을 씹을 때와 하바네로 고추를 씹을 때의 매운맛 효과는 확실히 다른데, 이는 진저롤과 캡사이신의 분자 구조가 약간 다르기 때문이다. 진저롤 분자는 캡사이신 분자보다 약간 짧고 산소 원자가 돌기처럼 튀어나와 있지만, 캡사이신 분자는 긴 분자 구조 안에 질소 원자가 들어있다. 그래서 캡사이신은 진저롤보다 캡사이신 수용기에 더 꼭 맞고 강하게 결합한다.

주방의 한 수   요리에 한 방을 더하고 싶다면 신선한 생강을 사용하자. 진저롤은 신선한 생강에 가장 많고 시간이 지나면서 천천히 분해되므로, 미리 갈아놓은 생강보다 갓 간 생강이 더 톡 쏘고 풍미가 좋다.

사프란은 왜 귀할까?

요리의 과학 작은 튜브에 담아 파는 사프란 가닥은 사프란꽃(크로커스 사티부스)의 암술이다. 28g 정도의 사프란을 얻으려면 4,500송이의 꽃에서 일일이 손으로 채취한 암술 1만 3,500여 개가 필요하다.

사프란의 독특한 풍미를 내는 분자인 사프라날은 1933년 리하르트 쿤과 알프레드 윈터스테인이 발견했다. 사프란에는 피크로크로신이라는 분자가 들어있는데, 이 피크로크로신은 사프란을 수확하고 말리는 과정에서 효소에 의해 분해되어 사프라날이 된다. 사프라날은 사프란에 든 휘발성 기름의 70%를 차지한다. 이후 연구자들은 사프란 방향유 중 극히 미량인 라니에론 같은 화합물도 사프란의 매력적인 풍미에 영향을 미친다는 사실을 밝혀냈다. 이 풍미 성분은 흔히 꽃향, 꿀향, 쓰고 톡 쏘는 향 등으로 묘사되는 섬세하고 건초 같은 사프란 풍미와 향을 만든다. 사프란은 인도나 중동 요리에서 금빛을 내는 데 이용되어 요리에 화려한 색감을 더한다.

주방의 한 수 사프란은 아주 비싸서 가짜나 불순물이 섞여 있는 경우도 많다. 사프란이 진짜인지 확인하려면 사프란 몇 가닥을 뜨거운 물에 5~20분 정도 담가보자. 진짜 사프란은 모양이 그대로 유지되고 물에 균일한 색깔로 녹아나지만, 가짜는 모양이 금방 풀어지고 인공 색소가 흘러나온다. 사프란 기름은 열과 공기, 빛에 민감하므로 밀폐하여 서늘하고 어두운 곳에 보관해야 한다.

영양효모의 독특한 향은 어디에서 올까?

요리의 과학 영양효모는 맥주나 빵을 만들 때 사용되는 효모와 같은 사카로미세스 세레비시에 단일 균주다. 영양효모를 만들려면 먼저 효모에 저렴한 당과 영양분(당밀이나 사탕무 등)을 공급하며 며칠간 배양한다. 효모가 배양되면 멸균 온도로 가열하여 불활성화한다. 적당한 온도를 유지하면 효모 속 효소가 세포벽을 깨고 안쪽 화합물이 흘러나오게 한다. 단백분해효소는 효모 단백질을 부수어 감칠맛을 더하는 아미노산인 글루탐산을 만든다. 핵산분해효소와 인산분해효소는 DNA를 이노신산이나 구아닐산 같은 작은 핵산 단위로 분해한다. 글루탐산, 이노신산, 구아닐산은 시너지 효과를 내어 아주 강한 감칠맛을 낸다.

영양효모에는 글루타티온이라는 펩타이드(아미노산의 작은 사슬)도 고농도로 들어있어 깊은 맛을 끌어낸다. 깊은 맛은 1989년 일본 조미료 회사인 아지노모토의 연구진이 처음 발견했다. 하지만 깊은 맛이라는 개념은 논란의 여지가 있고, 서양의 맛 연구자들은 깊은 맛의 영향에 대해 아직 회의적이다. 깊은 맛은 사실 개성적인 고유한 맛을 유발하기보다 감칠맛 같은 다른 맛과 풍미를 높여 맛 지각이 유지되도록 한다. 맛이 음악 같은 경험이라면, 깊은 맛은 맛의 볼륨을 높이고 앙코르를 더해주는 식이다. 3가지 감칠맛 성분(글루탐산, 이노신산, 구아닐산)과 글루타티온의 조성에 따라 영양효모는 매우 강력한 풍미 증진제가 된다.

주방의 한 수 영양효모는 숙성치즈, 피시소스, 육류추출물, 새우장 같은 동물성 조미료의 훌륭한 채식 대체재다. 견과나 치즈 같은 풍미를 내어 음식에 감칠맛을 더하므로 강판에 간 치즈 대신 사용할 수도 있고(팝콘에 뿌려보라), 간장이나 우스터소스, 피시소스 대신 수프나 스튜에 넣어 풍미를 더할 수도 있다. 소금을 더 넣지 않고도 요리의 풍미를 높이는 훌륭한 선택지이기도 하다.

말린 허브보다 생 허브가 좋을까?

요리의 과학 매력적이고 풍미 넘치며 톡 쏘는 생 허브의 방향유는 사실 해충에 맞서기 위해 식물이 만드는 화합물이다. 이 화합물은 보통 휘발성으로 식물 조직이 부러지거나 으깨지면 재빨리 강한 향을 내어 곤충이나 동물을 쫓아낸다. 허브를 말리면 휘발성 풍미 성분은 대부분 날아가고 무거운 기름 성분만 남는다. 건조 방법과 온도에 따라 허브의 휘발성 기름이 분해되거나 산화되므로, 허브를 건조하면 생 허브보다 풍미가 약해지고 쓴맛이 나기도 한다. 차이브나 타라곤, 파슬리처럼 여리고 잎이 많은 허브는 말리면 풍미가 대부분 사라진다.

하지만 말린 허브가 필요할 때도 있다. 특히 말린 허브로 만든 풍미 증진제는 오래 보관할 수 있다. 수프나 소스, 스튜를 만들 때처럼 10분 이상 익히거나 끓일 때는 말린 허브를 쓰는 편이 더 좋다. 말린 허브에 남아있는 무거운 기름 성분은 신선한 허브에 든 휘발성 기름보다 열과 증발에 영향을 덜 받기 때문이다. 게다가 로즈메리나 오레가노, 타임, 세이지처럼 질긴 목본성 허브는 말려도 풍미가 보존된다.

주방의 한 수 생 허브의 기름 성분과 선명한 맛을 보존하려면 생으로 샐러드를 만들어 먹거나, 요리 마무리에 올리는 장식으로 활용하거나, 요리를 내기 직전 음식에 넣어 풍미 증진제로 활용하자. 말린 허브는 스튜나 수프, 오래 끓이는 소스 등 장시간 조리하는 요리에 적합하다. 생 허브 대신 말린 허브를 쓸 때는 양을 ⅓로 줄여야 한다. 말린 허브는 수분이 적고 생 허브보다 풍미 성분이 농축되어 있기 때문이다.

레몬즙과 레몬 제스트는 각각 언제 사용할까?

요리의 과학 레몬즙의 구성 성분은 물, 당, 산이고 그중 가장 많은 산은 아스코르브산(비타민 C)과 시트르산이다. 레몬즙의 산은 요리에 선명하고 밝은 풍미를 더하고 좋은 쪽으로 pH를 바꿔 준다. 예를 들면, 비린내(104쪽 참고)를 줄이고, 아보카도나 사과의 갈변을 막는 것처럼 말이다(135쪽 참고).

레몬 껍질(사실 모든 감귤류의 껍질)에는 산이 없고, 껍질을 갈아 제스트로 만들면 리모넨, 시트랄, 테르피넨 같은 성분이 든 방향유가 방출되어 레몬 풍미를 낸다. 레몬 제스트에는 수분이 거의 없으므로, 레몬 풍미를 내고 싶지만 액체는 더하고 싶지 않은 요리에 적당하다.

게다가 제스트에는 산이 없으므로 시큼한 맛 없이 풍미를 더할 수 있다. 레몬 제스트는 반죽의 pH나 수분 함량을 바꾸지 않으므로 베이킹할 때 레몬 풍미를 더하고 싶은 경우 좋은 선택이 된다. 다른 재료의 양은 바꾸지 않고 레몬즙을 넣으면 산과 액체가 더해져 반죽의 화학 반응이 바뀌므로 완성된 빵의 팽창도와 질감이 달라질 수 있다.

주방의 한 수 수프나 양념처럼 밝은 산미가 필요하고 물이 더 들어가도 괜찮은 경우에는 레몬즙을 사용하면 좋다. 생선 위에 짜거나(비린내를 줄일 수 있다), 아보카도에 발라보자(갈변을 막을 수 있다). 산이나 액체를 더하지 않고 레몬 풍미만 더하고 싶을 때는 제스트를 사용하자. 유제품을 사용하는 요리(산이 응고를 유발할 수 있다)나 단미시럽을 만들 때, 베이킹을 할 때 사용하면 좋다. 가능하면 요리의 마지막에 제스트를 첨가해야 휘발성 방향유가 날아가지 않는다. 알루미늄이나 구리로 만든 조리도구를 사용하면 산에 금속이 녹아 나올 수 있으므로 역시 레몬 제스트를 사용하자.

제3장

육류, 가금류, 생선

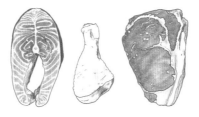

동물의 고기는 초기 인류가 불에 구워 푸짐한 요리로 만들어 먹은 최초의 날음식 중 하나였다. 하지만 단백질과 수분, 지방 덩어리가 정확히 어떤 과정을 거쳐 맛있고 육즙 가득한 요리로 바뀌는 것일까? 이제 고기의 주요 성분이 열과 수분, 시간을 통해 군침 도는 풍미와 색깔, 식감을 내는 멋진 조합으로 바뀌는 놀라운 변화의 비밀을 알아보자.

고기 색깔은 왜 모두 다를까?

요리의 과학 동물의 날개나 다리, 허벅지처럼 운동할 때 산소를 많이 이용하는 근육은 고기 색이 검붉다. 이 근육에는 단백질의 일종인 미오글로빈이 풍부해 검붉은색을 띠는데, 미오글로빈에는 포유동물의 혈류에서 조직으로 산소를 옮기고 저장하는 역할을 하는 철이 많이 들어있기 때문이다. 고기를 77℃ 이상으로 가열하면 미오글로빈이 메트미오글로빈으로 바뀌어 완전히

고기 색이 변하는 과정

날고기는 단백질의 일종인 미오글로빈 때문에 검붉은색을 띤다. 미오글로빈에 열을 가하면 화학적 변화가 일어나 구조가 바뀌면서 갈색의 메트미오글로빈이 된다.

익은 고기 안쪽은 회갈색이 된다. 갓 자른 고기가 시간이 지나면서 선명한 붉은색이나 분홍색에서 어두운 회색으로 바뀌는 현상도 미오글로빈이 메트미오글로빈으로 바뀌는 화학적 변화 때문이다. 하지만 소비자들은 보통 고기가 회색으로 변하면 상했다고 생각하기 때문에, 도축업자들은 고기를 포장할 때 일산화탄소를 주입한다. 일산화탄소는 미오글로빈과 결합해 고기가 선명한 붉은색을 유지하도록 한다. 돼지는 작고 어릴 때 도축하여 근육이 덜 발달한 상태이므로, 돼지고기는 소고기보다 미오글로빈 함량이 낮아 더 밝은색을 띤다.

닭이나 칠면조에서 흰 살코기(가금류의 가슴살이나 복부 부위-옮긴이) 부위는 다른 부위에 비해 활동량이 별로 없어 산소를 덜 사용한다. 때문에 미오글로빈이 적게 필요하므로 대체로 흰색이다. 반면 오리 같은 가금류는 오랫동안 날아다니며 산소를 많이 사용하므로, 오리고기는 대체로 색이 어둡다.

주방의 한 수 소고기나 양고기는 붉은색에서 회색으로 변하는 것이 정상이고, 색이 변했다고 상한 것은 아니다. 대신 이상한 냄새가 나거나 만졌을 때 끈적하면 먹지 않는 편이 좋다.

연한 고기와 질긴 고기의 차이점은 무엇이며, 각각 어떻게 요리해야 할까?

요리의 과학 우리가 고기라고 여기는 부위는 대부분 골격근 조직으로, 서로 수축하고 당기며 움직임을 이루는 단백질 필라멘트로 구성된다. 단백질 필라멘트는 가늘고 긴 근섬유 다발을 이룬다. 단백질 필라멘트의 밀도와 콜라겐 함량에 따라 고기가 연하거나 질기다. 콜라겐은 근육을 한데 모으는 결합단백질이다. 어깨나 다리처럼 자주 움직이는 근육은 계속 저항을 받으며 운동하므로 단백질 필라멘트가 증가해 고기가 질기다. 필라멘트가 많으면 근섬유가 더 두꺼워지고(밀도가 높아지고) 고기는 더 질겨진다. 동물의 운동 부위에서 얻은 고기(어깨등심, 엉덩잇살, 양짓살 등)에는 결합 조직과 콜라겐이 많아 질기고 씹을 때 식감이 좋지 않다.

사실 고기가 '질기다'는 표현은 적절하지 않다. 고기가 질겨지는 것은 제대로 조리하지 않아서이기 때문이다. 어깨 부위 또는 근섬유 밀도가 높고 콜라겐이 많은 부위는 근섬유와 결합 조직, 콜라겐 단백질을 분해하기 위해 촉촉하게 오래 익혀야 한다. 수분이 있는 상태에서 오래 열을 가하면 콜라겐이 녹아 젤라틴이 형성되기 때문이다. 이런 부위는 브레이징, 삶기, 뭉근히 끓이기 같은 조리법이 적당하다.

물(또는 다른 액체)이 있으면 가수분해가 일어나 콜라겐 같은 단백질이 수화되고 고기의 연화 작용이 빨라진다. 고기를 브레이징하거나 삶으면 연화 작용이 일어난다. 양짓살이나 돼지고기 엉덩잇살 같은 큰 부위를 낮은 온도에서 천천히 훈제하면 고기 자체의 육즙이 수분을 공급해 연화 작용이 일어난다. 이때는 콜라겐이 부드럽게 녹을 동안 고기가 수분을 머금을 수 있도록 온도를 낮게 유지하는 것이 핵심이다. 이렇게 몇 시간 조리하면 근섬유가 거의 분해되어 질긴 고기도 아주 연해진다.

질긴 고기를 조리 전 방망이로 두드려 단백질과 근섬유를 깨서 연하게 만들 수도 있다.

연한 부위와 질긴 부위의 차이

연한 조직

질긴 조직

저장 지방

성긴 근섬유

촘촘한 근섬유

콜라겐으로 싸인 근섬유

연한 고기의 근섬유 부위는 성기고 저장 지방(마블링)을 포함하고 있다. 질긴 고기는 근섬유와 콜라 겐이 촘촘하고 저장 지방이 적다.

비교적 운동량이 적은 등이나 허릿살 근육에서 얻은 안심 같은 부위는 근섬유 밀도가 낮아 연하다. 살아있는 동안 지방을 저장하는 부위에서 얻은 고기 또한 지방 함량이 높아 연하다. 이런 부위를 요리할 때는 시어링, 로스팅, 그릴링 같은 건열 조리법을 이용해 마이야르 반응으로 먹음 직스러운 갈변을 얻어 풍미를 더욱 살리는 데 집중해야 한다(더 자세히 알고 싶다면 30쪽 질문 '음식은 왜 갈색이 될까? 마이야르 반응'을 참고하라).

주방의 한 수 적절한 조리법을 선택하면 어떤 부위의 고기라도 연해질 수 있다. 저온에서 오래 익히면 질긴 부위도 점점 연해져 맛있어진다. 고온에서 빨리 조리하면 연한 부위가 가진 장점에 겹겹의 풍미를 더할 수 있다.

Q

숙성하면 고기가 더 연해질까?

대답 그렇다.

요리의 과학 섬세하게 조절된 온습도 환경에 고기를 두면 시간이 지나면서 풍미와 육질이 천천히 변하는 드라이에이징이 일어난다. 드라이에이징 과정 동안에는 다음과 같은 현상이 일어난다. 먼저 고기 조직에 있는 단백분해효소가 근육이나 결합 조직의 단백질을 천천히 분해해 아미노산과 펩타이드(단백질 조각)로 만들면 고기가 연해지고 풍미가 살아난다. 숙성치즈처럼 고기 표면에 세균과 곰팡이가 자라면서 효소를 분비해 단백질이 더 분해된다. 드라이에이징을 하면 고기가 천천히 건조되며 겉층이 바짝 마른다. 그래서 큰 고깃덩어리를 드라이에이징 해두면 나중에 마른 겉층을 벗겨내 육즙이 많고 연한 안쪽 부분을 얻을 수 있다.

주방의 한 수 오래 숙성한다고 더 맛있어지는 않는다. 고기의 연화 작용은 보통 숙성을 시작한 후 10~14일 사이에 일어난다. 30일이 지나도 잘 숙성되는 경우도 있지만, 제대로 숙성하지 못하면 고기가 부패하면서 불쾌한 냄새가 나기도 한다.

마블링이 있으면 왜 스테이크가 더 맛있을까?

요리의 과학 고깃덩어리의 근섬유 사이에 분포된 하얀 지방을 마블링이라고 한다. 곡물 사료를 먹고 자란 소가 운동을 거의 하지 않고 몸속에 여분의 지방을 저장하면 마블링이 생긴다. 안심처럼 부드러운 부위는 동물이 지방을 저장하지 않는 부위에서 얻기 때문에 원래 마블링이 적거나 거의 없다. 미국 농무부는 마블링 함량에 따라 고기에 등급을 매기는데, 마블링이 가장 많은 것은 프라임 등급이다.

왜 우리는 마블링에 큰 관심을 보일까? 풍미 분자는 대부분 지용성이라 동물의 지방 부위에 농축된다. 지방은 스테이크를 요리할 때 수분을 가두어 육즙을 보존한다. 또한 근섬유 사이에서 윤활 작용을 해서 고기를 부드럽고 씹기 편하게 만든다. 때문에 마블링이 없으면 맛 좋은 스테이크에서 나는 감칠맛이나 섬세한 식감을 느낄 수 없다.

주방의 한 수 마블링이 좋은 스테이크 고기를 찾는 가장 간단한 방법은 미국 농무부의 프라임 인증 마크 (USDA Prime)를 확인하는 것이다. USDA 프라임 등급을 받은 것은 어린 소를 도축한 고기이므로 매우 연하고 마블링이 많다. USDA 초이스 등급은 품질은 좋으나 마블링이 프라임 등급보다 적다. 소의 윗부분에서 얻은 고기에는 마블링이 많다. 꽃등심, 채끝, 보섭살 등에는 모두 뚜렷한 마블링이 있다.

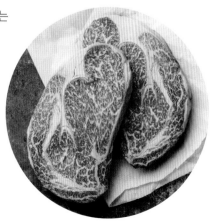

마리네이드하면 고기가 연해질까?

대답 밑간에 따라 다르다.

요리의 과학 밑간은 고기에 풍미를 더해주지만 고기를 연하게 만드는 데 꼭 필요하지는 않다. 사실 산성 양념(식초, 감귤 또는 와인이 든 양념)은 pH를 낮추어 고기를 더 질겨지게 한다. 단백질에는 알짜전하가 0이 되는 pH가 있는데, 이 pH를 등전점이라 한다. 등전점이 되면 단백질은 물을 흡수하는 능력을 잃고 수축해 질겨진다. 보통 근육 단백질의 등전점은 pH5.0~5.6이다. 와인의 pH는 3.3~3.6이고, 식초나 레몬즙의 pH는 2~3이다. 따라서 이런 양념에 고기를 오래 재워두면 pH가 단백질의 등전점에 쉽게 도달해 고기가 더 질겨진다.

생선에는 육류나 가금류보다 산성 양념이 더 깊고 빨리 스며드는데, 생선 근육은 비늘 같은 막이 얇은 결합 조직으로 연결된 형태로 배열되어 있기 때문이다. 반면, 육상 동물의 근육은 튼튼하고 촘촘한 다발을 이루고 있어 양념이 잘 스며들지 않는다. 또 생선에는 육상 동물보다 콜라겐이 적고, 생선 콜라겐은 산성 양념에 쉽게 분해된다(생선의 근섬유에 대해 더 알고 싶다면 102쪽 질문 '감귤류의 즙을 뿌리면 세비체에 넣은 해산물이 익을까?'를 참고하라).

마리네이드해서 고기를 연하게 만들려면 양념에서 산성 성분은 빼고 효소를 넣어야 한다. 연화 효소는 단백질을 조각내고 단백질 속 근섬유를 천천히 분해한다. 고기 단백질을 연화하는 데 주로 사용되는 효소는 브로멜라인, 파파인, 액티니딘이다. 브로멜라인은 파인애플 열매와 줄기에 들어있는데, 고온에서는 불활성화되기 때문에 그대로 사용해야 효과가 가장 좋다. 주스나 캔으로 가공된 파인애플에는 활성 브로멜라인 효소가 없다. 파파인은 파파야에 들어있으며, 고온에서 불활성화된다. 액티니딘은 키위에 들어있지만 브로멜라인이나 파파인 같은 강한 연화 효과는 없다.

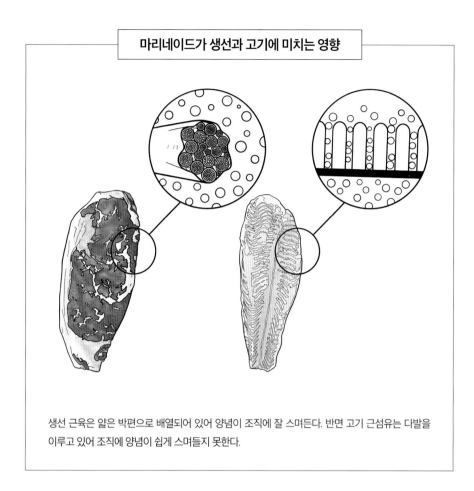

생선 근육은 얇은 박편으로 배열되어 있어 양념이 조직에 잘 스며든다. 반면 고기 근섬유는 다발을 이루고 있어 조직에 양념이 쉽게 스며들지 못한다.

주방의 한 수 고기를 연하게 하려면 산성 양념은 피해야 한다. 다만 생선은 근육 구조가 성기기 때문에 산성 양념을 잘 흡수하므로 예외다. 산성 양념은 보통 고기를 질겨지게 한다. 파인애플이나 파파야, 키위에는 고기를 연하게 만드는 효소가 들어있어 마리네이드 재료로 적당하다. 고기를 더욱 연하게 하려면 과육을 으깨서 그대로 사용하거나 다른 양념 재료에 섞어서 사용하자. 연한 고기는 최소 20분 정도 양념에 재우되, 냉장에서 1~2시간은 넘지 않아야 고기가 너무 흐물거리지 않는다. 질긴 고기는 냉장에서 12시간 이내로 재우자.

고기를 소금물에 담그면 육즙이 풍부해질까?

대답 그렇다.

요리의 과학 고기의 근섬유 속 단백질은 고기 자체의 물로 수화된 상태다. 물 분자는 단백질을 둘러싸고 단백질 분자 구조의 열린 주머니 같은 부분에 결합한다. 고기에 열을 가하면 근육 단백질이 풀리고 다시 뭉치면서 변성된다. 근육 단백질이 변성 과정을 거치며 재배열되면 단백질 섬유가 수축하고 단단해지면서 물을 배출하는데, 이것이 육즙이다. 고기를 익히기 전에 소금물에 담그면 고기 속 액체량이 증가하고 조리 도중 손실되는 수분량도 줄어든다. 고농도 소금물은 근육 조직으로 쉽게 들어가 물을 더 많이 끌어당긴다. 소금물 속의 소금도 열과 마찬가지로 단백질을 변성하지만, 수분을 내보내지는 않는다. 사실 그 반대다. 전하를 띤 단백질은 소금 이온과 반응하여 물을 더 잘 머금을 수 있다. 단백질이 풀어지면서 물 분자가 단백질 구멍으로 깊이 들어가 틈새에 결합한다. 조리하는 동안 단백질 구멍에 갇힌 소금물 덕분에 육즙이 더욱 풍부해진다.

주방의 한 수 고기를 소금물에 담그면 육즙이 더 잘 보존된다. 물 3.7ℓ당 식탁염 1컵이나 코셔 소금 2컵을 녹여 사용하자. 고깃덩어리의 크기에 따라 다르지만 1~4시간이면 충분하다. 소금물에 담글 때는 고기가 완전히 잠기게 해야 한다.

고기를 조리하기 전에 실온에 두어야 할까?

대답 아니다.

요리의 과학 요리 레시피에서는 언제나 고기(특히 스테이크나 로스트용 고기)를 조리하기 30~60분 전에 냉장고에서 꺼내 실온에 두어야 한다고 조언한다. 분명 조리 시간을 단축하기 위해서일 것이다.

사실 고기 온도를 실온으로 맞추려면 시간이 상당히 필요하다. 『더 푸드 랩』의 저자인 J. 켄지 로페즈-알트는 스테이크 고기를 20분 동안 실온에 두어도 고기 내부 온도는 1℃도 채 오르지 않는다고 지적한다. 뜨거운 팬에서 고기로 열이 전달되는 속도는 실온의 공기에서 고기로 열이 전달되는 속도보다 훨씬 빠른데, 조리하기 전에 고기를 실온에 두면서 굳이 시간을 낭비하는 일은 말이 되지 않는다.

주방의 한 수 조리하기 전에 20~30분 동안 실온에 둔 고기와 냉장고에서 팬으로 직행한 고기의 맛에는 거의 차이가 없다. 말도 안 되는 주장은 무시하고 조리할 준비를 마친 후에 냉장고에서 고기를 꺼내와도 된다.

Q

스테이크를 시어링하면 육즙을 가둘 수 있을까?

대답 아니다.

요리의 과학 요리 베스트셀러 『음식과 요리』의 저자인 해럴드 맥기는 스테이크를 시어링하면 육즙을 가둘 수 있다는 믿음이 조리에 대한 가장 큰 오해 중 하나라고 지적한다. 맥기는 실험을 통해, 스테이크를 시어링하면 껍질이 형성되지만 이 껍질이 물 빠짐을 막지는 못하므로 조리된 스테이크를 접시에 올려놓으면 육즙이 빠져나온다고 주장했다. 하지만 시어링에 대한 믿음은 끈질기게 남아있어, 다른 요리 저술가나 과학자들은 실험을 통해 맥기의 주장이 틀렸음을 입증하려 시도하기도 한다. 바비큐 전문가이자 『미트헤드Meathead』의 저자인 골드윈은 스테이크 고기 두 덩이 중 하나만 조리 전 시어링하고 하나는 그대로 굽는 실험을 했다. 같은 온도에서 고기를 가열한 후 전후 무게를 비교한 결과, 두 고깃덩어리의 무게는 같았다. 이는 두 고기의 수분 보유량이 같다는 의미이며, 결국 시어링이 수분을 가두는 데 거의 영향을 주지 못한다는 사실을 뜻한다.

하지만 짧게 시어링하면 좋은 풍미를 낼 수 있다. 고기가 뜨거운 팬에 닿으면 마이야르 반응이 일어나 아미노산이 다양하고 맛 좋은 풍미 성분으로 바뀐다(더 자세히 알고 싶다면 30쪽 질문 '음식은 왜 갈색이 될까? 마이야르 반응'을 참고하라). 그래서 어떤 레시피에서는 고기를 천천히 익히기 전에 뜨거운 팬에서 고기를 갈변시키라고 조언하기도 한다.

중요한 사실을 하나 덧붙이자면, 조리하기 전에 시어링을 한다고 고기의 육즙을 가두지는 못하지만, 단시간에 아주 고온에서 익히면 고기에서 수분이 증발하는 시간이 짧아져 저온에서 오래 익히는 조리법보다 수분 손실이 적어진다.

> 단시간에 아주 고온에서 익히면
> 고기에서 수분이 증발하는 시간이 짧아져
> 저온에서 오래 익히는 조리법보다
> 수분 손실이 적어진다.

주방의 한 수 고기를 시어링하면 다른 조리법에 비해 풍미와 색깔을 더하고 수분 손실을 최소화할 수 있다. 스테이크를 빨리 시어링하려면 마른(기름을 두르지 않은) 스테인리스강 팬을 260℃ 이상으로 달궈 사용하자. 온도가 아주 높으면 고기가 익을 때 팬에 들러붙지 않는다(92쪽 질문 '고기는 왜 뜨거운 팬에 들러붙을까?' 참고).

베이컨을 익힐 때 팬의 온도가 중요할까?

대답 그렇다.

요리의 과학 베이컨에는 기름이 아주 많다. 베이컨 8g당 3.3g의 지방이 포함되어 있으니 중량의 40%가 넘는 셈이다. 베이컨을 조리하려면 지방이 열에 어떻게 반응하는지 먼저 알아야 한다. 차가운 베이컨을 뜨거운 팬에 곧바로 넣으면 지방이 흘러나오기 전에 고기 부분이 먼저 갈색이 되어 찐득하고 부드러운 식감이 된다. 차가운 베이컨을 차가운 팬에 올려 천천히 온도를 높이면 고기 부분이 갈변하는 동안 지방이 녹아 나와 바삭바삭해진다.

주방의 한 수 베이컨을 골고루 갈색빛이 돌도록 바삭하게 굽고 싶다면 차가운 팬에 넣고 약불에서 시작하여 중불로 가열하자. 오븐에서 218℃로 20분 정도 구워도 아주 바삭한 베이컨이 된다.

고기는 왜 뜨거운 팬에 들러붙을까?

요리의 과학   치킨커틀릿 한쪽을 노릇하게 굽고 뒤집으려는데 팬에 풀로 붙인 듯 찰싹 들러붙어 억지로 떼다 찢어진 난감한 경험은 누구나 한 번쯤 있을 것이다.

이런 현상은 황 원자가 1개 붙은 아미노산인 시스테인이 고기 단백질에 들어있기 때문이다. 황은 매우 반응성이 좋은 원자로 상당히 안정된 화학 결합을 형성한다. 달궈진 팬에 고기를 올리면 단백질이 풀어지면서 시스테인이 금속에 노출된다. 그러면 황 원자가 팬의 금속과 반응하여 강한 금속-황 결합을 형성해 고기가 팬에 들러붙는다. 하지만 계속 조리하면 표면 열 때문에 결국 시스테인과 팬의 결합이 깨진다.

주방의 한 수   고기를 갈색으로 구울 때는 인내심을 가져야 한다. 시스테인이 깨지는 온도에 이르면 고기가 저절로 팬에서 떨어진다. 처음부터 고기가 팬에 들러붙지 않게 하려면 팬을 아주 뜨겁게(246℃ 이상) 달궈서 고기 속 시스테인이 팬에 접촉할 때 더 잘 깨지게 하면 된다.

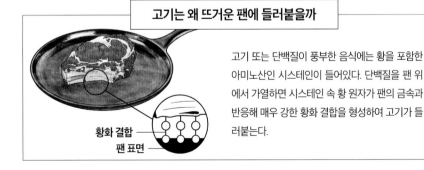

고기는 왜 뜨거운 팬에 들러붙을까

고기 또는 단백질이 풍부한 음식에는 황을 포함한 아미노산인 시스테인이 들어있다. 단백질을 팬 위에서 가열하면 시스테인 속 황 원자가 팬의 금속과 반응해 매우 강한 황화 결합을 형성하여 고기가 들러붙는다.

황화 결합
팬 표면

베이스팅하면 고기가 촉촉해질까?

대답 꼭 그렇지는 않다.

요리의 과학 미국 요리 잡지인 『쿡스 일러스트레이티드』팀은 베이스팅basting(붓으로 양념 등을 재료에 발라주는 것-옮긴이)의 효과를 알아보는 실험을 했다. 칠면조 가슴살 한 덩어리는 20분마다 양면을 베이스팅하고, 다른 한 덩어리는 베이스팅하지 않고, 나머지 한 덩어리는 베이스팅하지 않는 대신 첫 번째 가슴살 덩어리를 베이스팅할 때마다 오븐 문만 열었다 닫았다. 그 결과 세고기의 수분 손실은 거의 비슷했다. 다만 베이스팅한 고기는 그렇지 않은 고기보다 갈변이 잘 되었는데, 이는 베이스팅 양념 속 아미노산이 마이야르 반응을 촉진했기 때문으로 생각된다.

주방의 한 수 촉촉하게 조리하려면 베이스팅보다 소금물에 담그는 방법이 낫다(86쪽 질문 '고기를 소금물에 담그면 육즙이 풍부해질까?' 참고).

고기는 왜 퍽퍽해질까?

요리의 과학　먼저 '퍽퍽하다'는 말을 다시 생각해보자. 육즙이 많거나 퍽퍽하다는 느낌은 주관적인 개념으로, 이렇게 느끼는 데는 다양한 요인이 관여한다. 그중 하나는 고기 속 결합수 대비 자유수의 양이다. 고기 속 단백질이 물 분자와 강하게 결합해 있으면 수분이 거의 남지 않아 입안에서 육즙이 느껴지지 않는다. 소고기 육포가 이에 해당한다. 육포는 수분 함량이 25%나 되지만 퍽퍽하게 느껴진다. 소금이나 미네랄 함량 같은 요인도 고기 단백질 속 물의 배열과 결합 방식에 영향을 준다.

　고기 속 지방의 양이나 종류도 퍽퍽함을 느끼는 데 중요한 요인으로 작용한다. 고기를 익히면 지방이 녹으면서 매끈하고 부드러운 느낌이 드는데 우리는 이를 육즙으로 인식한다. 지방이 익으면 조리하는 동안 고기 안에 수분이 가두어져 고기가 촉촉하게 느껴진다. 고기를 익히면 단백질이 변성되고 수축해 물이 흘러나오는데, 이 물도 육즙으로 느껴진다. 과다 조리하면 단백질이 더 수축해 물을 너무 많이 배출하므로 결국 고기가 퍽퍽하게 느껴진다. 하지만 마블링이 잘 된 고기에서는 지방이 단백질 섬유 사이에서 윤활 작용을 해서 수분 손실을 보충한다. 콜라겐이 많은

> **고기 속 지방의 양이나 종류도
> 퍽퍽함을 느끼는 데 중요한 요인으로 작용한다.**

고기를 천천히 익히면 콜라겐이 젤라틴으로 분해되면서 촉촉하게 느껴진다. 저온에서 몇 시간에 걸쳐 천천히 훈제한 양지가 맛있게 느껴지는 것도 분해된 콜라겐 덕분이다.

주방의 한 수 고기를 익힐 때는 부위에 따라 지방과 물, 콜라겐, 결합 조직, 근섬유 단백질 조성을 고려하여 알맞은 방법으로 조리해야 한다. 고기의 특성을 파악하고 이 특성이 수분, 온도, 시간에 따라 어떻게 달라지는지 이해하면 고기가 퍽퍽해지지 않게 익힐 수 있다. 지방이 많은(마블링된) 고기 속 지방은 육즙을 만들고 시어링할 때 고기가 덜 마르게 한다. 목심, 양지, 치맛살 부위처럼 콜라겐이 많은 부위를 천천히 오래 익히면 콜라겐이 젤라틴으로 바뀌면서 육즙이 풍부해져 촉촉하게 느껴진다.

고기와 가금류는 조리한 후 레스팅해야 할까?

대답 아니다.

요리의 과학 스테이크 등의 고기 레시피에서는 요리를 서빙하거나 조각으로 자르기 전 5~10분 정도 레스팅^{resting}(휴지시키는 것-옮긴이)하라고 한다. 고기가 익으면 근섬유가 수축하면서 고기 표면에서 수분이 밀려 나오므로, 가열이 끝나고 곧바로 고기를 자르면 육즙이 흘러나온다는 것이다. 레스팅하면 근섬유가 잠시 쉬면서 육즙이 다시 스며들어 고기에 재분포되어 육즙이 더욱 풍부한 스테이크가 된다고 한다. 그럴듯하게 들리지만 실은 정반대다. 사실, 고기를 레스팅하면 여열로 고기가 계속 익는다(97쪽 질문 '캐리오버는 정말 일어날까?' 참고). 고기 크기와 레스팅 시간에 따라 다르지만, 레스팅하면 고기 온도가 2.8~5.6℃ 정도 상승해 고기가 더 마른다. 게다가 고기가 식으면서 표면이나 껍질이 눅눅해지고 맛있는 지방이 굳어지면서 맛과 식감이 달라진다. 육류 과학자들과 셰프들이 비공식적으로 실험한 연구 결과에 따르면 레스팅을 하든 하지 않든 고기 수분 함량의 차이는 6~15%로 비교적 미미한 수준이다.

주방의 한 수 고기는 조리한 즉시 서빙하여 여열로 더 익지 않게 하자.

캐리오버는 정말 일어날까?

대답 그렇다.

요리의 과학 음식을 조리할 때는 음식 표면이 열원에 노출되므로 안쪽보다 뜨겁다(열이 음식 내부에서 발생하는 전자레인지의 경우는 예외다). 가스레인지나 전기레인지, 오븐, 그릴에서 조리할 때는 열이 음식 표면에서 안쪽으로 전달되어 열평형을 이룬다. 음식을 열원에서 떨어뜨려도 마찬가지다. 이 현상을 캐리오버^{carryover}(불을 끈 후에도 여열이 음식 속으로 계속 퍼지는 현상-옮긴이)라고 한다. 요인에 따라 다르지만, 여열은 음식을 열원에서 떨어뜨린 뒤에도 계속 퍼져 음식 내부 온도를 1.7~8.3℃ 정도 상승시켜 결국 음식의 수분, 식감, 풍미에 영향을 준다.

캐리오버에 영향을 주는 요인은 외부 온도(팬이나 오븐, 그릴이 얼마나 뜨거운지), 음식 자체의 크기(질량), 수분 함량, 음식의 표면적 등이다. 표면이 뜨거울수록 열이 안으로 더 많이 이동한다. 232℃에서 로스팅한 음식은 121℃에서 오래 익힌 음식보다 여열이 많다. 칠면조구이처럼 큰 음식은 구운 알감자보다 열을 더 많이 보유한다. 물은 지방이나 단백질보다 열용량이 높으므로 수분 함량도 캐리오버에 중요하다. 적은 양의 물도 열을 상당히 보유할 수 있으므로, 수분이 많은 음식은 건조한 음식보다 여열을 더 많이 보유한다. 표면적도 캐리오버에 영향을 준다. 열은 자른 표면을 통해 재빨리 흩어지므로 통감자는 같은 양의 썬 감자보다 여열이 많다.

주방의 한 수 고기를 오븐이나 그릴에서 바로 꺼내 먹을 계획이 아니라면 고기 내부 온도가 목표 온도보다 2.8℃(얇은 조각을 중간 온도에서 익힐 때)에서 5.6℃(큰 덩어리를 높은 온도에서 익힐 때) 낮을 때 가열을 멈춰야 한다. 그렇지 않다면 원하는 정도까지 고기를 익힌 후 곧바로 잘라서 먹자!

어떤 경우에 고기를 통썰기 할까?

요리의 과학　고기에는 평행하게 늘어선 근섬유가 있다. 근육을 많이 사용할수록 근섬유가 더 질기고 탄력 있다. 고기를 결을 따라 근섬유가 늘어선 방향으로 자르면 긴 근섬유 가닥이 계속 씹힌다. 안심처럼 움직임이 적은 부위라면 근섬유가 촘촘하지 않으므로 고기를 자르는 방향이 문제가 되지 않지만, 치맛살이나 양지처럼 질긴 부위를 결을 따라 썰면 먹을 때 근섬유가 씹혀 불쾌한 식감이 날 수도 있다. 이런 부위는 통썰기(칼과 고깃결이 직각이 되도록 자르는 것-옮긴이) 하면 근섬유가 짧은 조각으로 잘려 씹기 더 편해진다.

　　<아메리카스 테스트 키친>은 결대로 자르거나 통썰기 한 고기를 씹을 때 필요한 힘의 양을 질감 분석기로 측정했다. 치맛살과 채끝 부위를 결을 따라 잘랐더니 치맛살은 채끝보다 씹을 때 힘이 4배나 더 들어갔다. 하지만 통썰기 하면 씹는 힘이 16%밖에 더 들어가지 않았다. 이 놀라운 실험 결과는 통썰기의 효과를 잘 보여준다.

주방의 한 수　고기를 통썰기 하면 질긴 근섬유가 끊어져 부드러워진다. 제대로 자르면 질긴 고기도 부드럽게 만들 수 있다. 고깃결을 잘 살펴보고 직각으로(90도 각도로) 썰자. 최대한 얇게 썰면 고기가 더 부드러워진다.

브로스, 본 브로스, 스톡은 차이가 있을까?

대답 그렇다.

요리의 과학 수프나 소스, 스튜를 만들 때 브로스broth(물에 살코기나 채소를 넣고 약한 불에서 끓인 맑은 육수의 일종-옮긴이)나 스톡stock(물에 살코기나 뼈, 채소를 넣고 오래 끓인 탁하고 끈적한 육수의 일종-옮긴이)이 있으면 아주 유용하다. 그런데 브로스와 스톡은 어떻게 다르며, 서로 대체할 수 있을까? 브로스와 스톡은 고기나 뼈, 채소나 향신료의 수용성 성분이 녹아 있는 풍미 가득한 액체다. 일반 브로스는 뼈가 붙어있거나 그렇지 않은 살코기를 물에 넣고 30~60분 정도 단시간 끓여서 만든다. 이 정도 시간이면 감칠맛이 풍부한 핵산이나 아미노산, 고기의 풍미 성분, (뼈를 넣은 경우) 콜라겐 등 고기의 수용성 성분이 충분히 녹아 나온다. 고기의 지방도 녹아 나온다. 브로스는 식혀도 액상이다.

반면 스톡은 다리나 정강이뼈, 소꼬리, 골수, 목, 허벅지, 날개 부위처럼 고기가 많고 콜라겐이 풍부한 부위를 물에 넣고 오랫동안 끓여서 만든다. 스톡을 제대로 만들려면 시간이 중요하다. 충

> **브로스, 본 브로스, 스톡은
> 서로 대체하여 사용할 수 있다.**

분히 끓여야 뼈에 붙은 콜라겐이 가수분해되어 우러난다. 콜라겐이 가수분해되면 젤라틴이 만들어져 매끄럽고 촉감이 좋은 스톡이 완성된다. 잘 만든 스톡을 식히면 젤라틴이 굳어 젤리 같은 반 고형 상태가 되는데, 이렇게 되는 데는 2시간(치킨스톡)에서 6시간 정도 걸린다. 스톡을 끓이는 동안 녹아 나온 지방은 식으면서 위로 떠올라 굳어 덮개를 형성하므로 쉽게 걷어낼 수 있다.

본 브로스는 브로스의 일종이지만 적어도 10~12시간 정도 오래 끓여야 한다는 점에서 스톡과 비슷하다. 콜라겐이 가수분해되고 뼈에 있는 각종 미네랄 성분이 녹아 나오면서 뼈의 영양소가 최대한 많이 추출되려면 이 정도 시간이 필요하다. 본 브로스를 냉장하면 젤라틴 때문에 반 고형 상태가 된다.

주방의 한 수 브로스, 본 브로스, 스톡은 서로 대체하여 사용할 수 있다. 스톡과 본 브로스는 소스의 걸쭉한 식감을 내고, 젤라틴이 들어있어 풍미를 깊게 한다.

감귤류의 즙을 뿌리면
세비체에 넣은 해산물이 익을까?

대답 아니다.

요리의 과학 날생선이나 해산물을 감귤류 즙으로 마리
네이드하여 세비체(해산물을 회처럼 얇게 떠서 레몬즙이나 라임즙
에 재운 후 차갑게 먹는 중남미 음식-옮긴이)를 만들면 생선살이 투명
한 분홍색에서 불투명한 흰색으로 바뀌면서 '익은' 것처럼 보인다. 감
귤류 즙의 산성 때문에 생선 단백질의 구조가 변했기 때문이다. 이 현상
을 변성이라 한다. 변성은 단백질에 열을 가할 때도 일어나는데, 생선 조각
을 그릴에 구우면 색이 변하는 현상도 변성이다. 하지만 과학적 관점에서 보
면 그릴에 생선을 구울 때와 달리 생선을 감귤류 즙에 마리네이드한다고 익은
것은 아니다. 감귤류 즙 때문에 생선의 색깔과 식감은 변하지만, 열을 가하지
않기 때문에 생선에 있는 세균이나 바이러스, 기생충은 그대로 살아
있다.

주방의 한 수 세비체에 넣는 생선은 초밥이나 회로 쓰이는 생선을 준비
할 때만큼 주의하여 다루어야 한다. 믿을 만한 업자를 통해 아주 신선한 생선을 구해 사용하자.
세비체를 마리네이드하는 동안은 냉장 보관해야 하고 만든 즉시 먹어야 한다. 또 산성 마리네이
드에 너무 오래(30분 이상) 절여 두면 '과다 조리'되어서 푸석하게 말라버린다(84쪽 질문 '마리네이드
하면 고기가 연해질까?' 참고).

열을 가하면 왜 랍스터는 빨간색이,
새우는 분홍색이 될까?

요리의 과학　아스타크산틴은 미세조류인 헤마토코쿠스 플루비아리스가 스트레스를 받아 만드는 붉은 색소 분자다. 아스타크산틴은 미세조류가 햇빛에 손상되지 않도록 보호한다. 바다 생물이 조류를 먹으면 조직에 아스타크산틴이 축적된다. 연어나 북극 곤들매기 같은 어류는 아스타크산틴을 섭취해 살이 분홍빛을 띤 붉은색이다.

반면 랍스터나 새우의 외골격에는 크루스타시아닌이라는 단백질이 있다. 크루스타시아닌은 아스타크산틴과 결합하여 푸른빛을 내므로, 살아있는 랍스터와 새우는 푸른빛이 도는 회색이다. 랍스터나 새우를 익히면 크루스타시아닌 단백질이 느슨해져 겉껍질로 아스타크산틴을 내보낸다. 그래서 랍스터나 새우가 익으면 붉은색이 되돌아온다.

주방의 한 수　랍스터나 새우가 붉은빛이나 분홍빛을 띠면 다 익었다는 신호다. 크루스타시아닌이 느슨해지면서 아스타크산틴을 내보내 랍스터나 새우의 색깔이 붉게 바뀌는 온도가 되면 세균 단백질도 변성되기 때문에 먹어도 안전하다.

생선은 왜 비린내가 날까?

요리의 과학　생선에 있는 트리에틸아민산화물은 바닷물과 생선 염도의 균형을 조절한다. 생선이 죽으면 조직이 깨지기 시작한다. 그러면 생선 조직과 그 속에 기생하는 세균이 효소를 분비해 트리에틸아민산화물을 휘발성 강한 트리에틸아민으로 바꾸는데, 이 트리에틸아민은 생선 냄새를 유발하는 주요 화합물이다. 사람은 아민류에 비교적 민감하고, 아민 냄새가 나면 부패했다고 인식하도록 진화했다.

생선에 기생하는 세균이나 부패하는 조직은 생선에 풍부한 단백질을 아미노산으로 천천히 분해한다. 이 세균은 디카르복실라아제라는 효소를 방출해 아미노산에서 이산화탄소를 떼어내어 푸트레신이나 카다베린(부패한 시체의 냄새를 내는 주범이라는 사실에서 따온 이름) 같은 아민류로 바꾸어 생선 비린내나 풍미를 낸다. 생선이 오래되거나 따뜻한 온도에서 잘못 보관하면 기생 세균이 증식하므로, 생선이 상하거나 부패하면 강한 냄새가 난다. 아민류는 냄새가 특히 불쾌하기도 하지만, 과량 섭취하면 독성을 내기도 한다. 생선 요리에 포함된 독성 아민류 중 하나인 히스타민은 가려움, 두통, 설사를 유발한다.

주방의 한 수　아민류는 산과 반응해 비교적 무맛 무취인 암모늄염을 만든다. 생선을 요리할 때 비린내를 없애고 싶다면 물에 식초 몇 큰술을 넣어 끓여보자. 식초의 아세트산이 증발하면서 공기 중의 냄새나는 아민류와 반응한다. 비린내가 너무 강하면 먹으면 안 된다. 비린내가 나지 않거나 냄새가 거의 나지 않는 해산물을 구매하자.

제4장

달걀과 유제품

달걀과 유제품은 다양한 요리의 기본이 된다. 거품을 내고, 물과 기름을 유화하고, 반죽을 차지게 하고, 겔 상태로 경화하는 달걀과 유제품의 마법은 다양하고 놀라운 효과를 내는 단백질 덕분이다. 달걀과 유제품 속 지방은 크림성과 점도를 주고 요리에 풍미를 더한다. 단백질과 지방에 숨겨진 화학을 이해하면 달걀과 유제품으로 만든 요리의 식감을 자유자재로 조절할 수 있다. 달걀과 유제품의 과학을 좀 더 깊게 파헤쳐보자.

달걀을 대체할 좋은 재료가 있을까?

대답 아니다.

요리의 과학 달걀은 다재다능한 천연 단백질원으로 요리에서 여러 가지 기능을 한다. 달걀은 휘핑하면 거품이 생기고, 재료를 서로 결합시킬 수 있으며, 커스터드크림을 단단하게 하고, 소스를 유화한다. 식물 성분 대체재는 요리에 넣었을 때 달걀과 비슷한 기능을 해야 하는데, 그렇지 못한 경우도 있어 달걀 대신 두루 사용하기는 어렵다.

달걀은 단백질과 지방이 섞인 수분 많은 혼합물로, 수분 대부분이 들어있는 흰자는 점성을 내고, 지방이 들어있는 노른자는 유화 작용을 한다. 흰자에는 알부민이라는 단백질이 들어있어 휘핑하면 다른 단백질과 결합해 망을 이룬다. 단백질 망은 공기와 물을 가두어 거품을 만들고 단단한 겔을 형성하여 요리에 가볍고 공기 같은 질감을 준다. 흰자 속 단백질은 지방, 탄수화물, 다른 단백질을 결합하고, 열을 가하면 굳어져 빵과 같은 구운 음식의 구조를 단단하게 만든다.

노른자에는 지방이 풍부하고, 달걀 전체 단백질의 절반 정도에 해당하는 단백질이 들어있다. 노른자에 든 주요 유화제인 레시틴은 수분이 든 재료와 지방을 유화한다.

> **달걀은 다재다능한 천연 단백질원이다.**

달걀 대체재는 요리에 넣었을 때 달걀과 비슷한 효과를 내는 성분을 포함해야 한다. 흔히 사용되는 달걀 대체재는 아마씨, 치아시드, 아쿠아파바(병아리콩을 삶고 남은 물) 등이며, 이 대체재들은 반죽이나 다른 재료와 혼합하면 수성 망을 형성하는 화합물을 가지고 있어 결합제나 거품 형성제로 이용된다. 아마씨와 치아시드는 거대 복합 탄수화물로 된 분자 망에 물을 가두어 부풀게 한다. 그래서 달걀의 겔화 작용과 비슷하게 혼합물을 걸쭉하게 만들 수 있다. 아쿠아파바는 단백질과 탄수화물의 혼합물로, 반죽에 넣어 겔화제로 이용하거나 휘핑해서 머랭 같은 거품을 만들 수 있다.

주방의 한 수 달걀은 물과 지방, 단백질, 유화제로 이루어진 복잡한 혼합물로 독특한 성질이 있다. 달걀 대신 식물 성분 대체재를 사용하려면 먼저 레시피에서 달걀을 어떤 용도로 사용하는지 알아야 한다. 즉 거품을 내는지, 재료를 함께 섞는지, 아니면 유화제로 사용하는지 파악해야 한다. 식물 성분 대체재는 보통 이 중 한 가지 작용만 하기 때문이다. 머랭이나 무스, 공기를 많이 품은 반죽에 거품을 내기 위해 흰자를 넣는다면, 대신 아쿠아파바(달걀 1개당 3큰술)를 넣을 수 있다. 유화 작용을 위해 노른자를 넣는다면, 콩 레시틴이 든 연두부가 좋은 대체 선택이 된다(노른자 1개당 ¼컵). 크리미하고 젤라틴 같은 반죽을 만들기 위해 달걀을 넣는다면, 갈아놓은 치아시드나 아마씨를 물에 섞어(달걀 1개당 씨앗 1큰술에 물 3큰술을 섞음) 대신 사용할 수 있다. 씨앗이 완전히 수화될 때까지 15~20분간 그대로 두어야 한다.

흰자를 치면 왜 부풀어 오를까?

요리의 과학 흰자가 몽글몽글 부풀어 오르는 거품으로 바뀌는 과정은 정말 매력적이다. 오브알부민은 흰자에 들어있는 주요 단백질로 보통 구형이다. 오브알부민을 기계적 힘으로 휘저으면 끈처럼 긴 모양을 이룬다. 동시에 공기 중 산소가 흰자에 끼어 들어간다. 그러면 오브알부민 사이의 이황화 결합이 깨지고 다시 만들어진다. 산소와 단백질이 점점 더 결합하면서 이황화 결합이 재배열되면 끈 모양의 단백질이 이어져 망 구조를 이룬다. 거대한 단백질 망 안에 공기가 갇혀 거품을 형성하고, 여기에 안정화제(소금, 크림 오브 타르타르, 레몬즙 등)를 첨가하면 단백질이 변성되어 더 쉽게 풀어지고 재결합하면서 단백질 망 구조가 튼튼해진다. 설탕도 수분을 붙잡아 거품의 표면에서 단백질이 마르지 않게 함으로써 단백질 구조가 바스러지거나 거품이 가라앉지 않게 하여, 결과적으로 달걀 단백질 망을 단단하게 만든다.

하지만 부풀어 오르는 데도 한계가 있다. 거품을 너무 많이 치면 인접한 단백질끼리 결합을 너무 많이 형성해 작은 덩어리로 엉긴다. 단백질 망이 점점 무너지고 쓸모없는 모래알 같은 덩어리가 생기면 되돌릴 수 없게 된다.

지방 역시 단백질 망 형성을 방해하기 때문에 지방이 많은 노른자가 흰자에 조금이라도 섞여 들어가면 안 된다. 노른자 속 지방 분자에는 친수성 작용기와 소수성 작용기가 둘 다 있어 분산된 기포를 둘러싼 단백질과 경쟁적으로 작용해 망에 구멍을 내므로, 기포가 금방 빠져나온다.

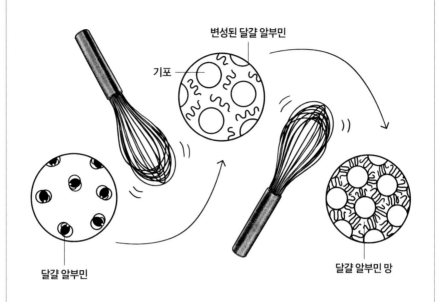

흰자를 단단하게 휘핑하는 방법

변성된 달걀 알부민

기포

달걀 알부민

달걀 알부민 망

흰자에는 보통 구형을 이루고 있는 오브알부민이라는 단백질이 들어있다. 흰자를 휘저으면 단백질이 풀어지고(변성) 기포가 그 안에 갇힌다. 더 휘저으면 단백질이 서로 결합해 망을 형성하고 그 안에 기포를 가두므로, 가볍고 단단한 흰자 거품이 봉긋하게 유지된다.

주방의 한 수 제대로 휘핑하려면 흰자에 노른자가 한 방울도 섞이지 않아야 한다. 달걀을 많이 분리해야 할 때는(엔젤푸드 케이크를 만들 때처럼) 달걀을 깰 때마다 작은 그릇 2개에 나누어 담자. 흰자에 노른자가 하나도 섞이지 않은 것을 확인한 다음 큰 그릇으로 옮겨 모은다. 흰자를 모은 그릇에는 노른자가 한 방울도 들어가면 안 된다. 거품기와 그릇은 깨끗하게 세척하고, 흰자의 거품 형성을 방해하는 지방이나 세제 잔여물이 남아있지 않아야 한다.

흰자를 칠 때 온도가 중요할까?

대답 그렇다.

요리의 과학 흰자를 치면 달걀 단백질에 공기가 섞여 들어간다(110쪽 질문 '흰자를 치면 왜 부풀어 오를까?' 참고). 기계적으로 흰자를 쳐서 산소가 섞여 들어가면 구형인 단백질이 길어지고 서로 연결되어 단백질 망을 형성한다. 이런 변화가 일어나는 속도는 온도의 영향을 받으며, 온도가 낮을수록 반응이 더 오래 걸린다. 그러므로 냉장고에서 바로 꺼낸 흰자보다 실온에 둔 흰자로 거품을 치면 같은 시간에 더 풍성한 거품을 낼 수 있다.

주방의 한 수 풍성한 거품을 내려면 휘핑하기 30분 전에 흰자를 실온에 꺼내두거나 따뜻한 볼에 넣어두자. 하지만 흰자와 노른자를 분리할 때는 냉장고에서 바로 꺼내 달걀이 차가울 때 하는 편이 더 쉽다.

> ❝
>
> 냉장고에서 바로 꺼낸 흰자보다
> 실온에 둔 흰자로 거품을 치면
> 같은 시간에 더 풍성한 거품을 낼 수 있다.
>
> ❞

구리 그릇에서 흰자를 치면
거품이 더 풍성해질까?

대답 그렇다.

요리의 과학 흰자의 주요 단백질인 오브알부민은 시스테인이라는 아미노산을 포함하고 있다. 시스테인은 황이 풍부해 다른 시스테인과 결합하여 이황화 결합을 형성한다. 이황화 결합은 단백질 망을 형성해 기포를 가두고 거품이 쉽게 나도록 돕기 때문에, 이황화 결합이 있으면 흰자 거품이 잘 형성된다. 하지만 흰자를 너무 많이 치면 이황화 결합이 과다하게 형성되어 단백질이 뭉쳐버리므로 결국 쓸모없게 된다.

구리 그릇에서 흰자를 치면 그릇 안쪽에서 나온 미세한 구리 파편이 흰자에 녹아들며 구리 이온을 형성한다. 시스테인 속 황은 다른 시스테인에 결합하기보다 구리와 더 강하게 결합한다. 그러므로 구리 이온이 있으면 시스테인의 과다한 이황화 결합이 형성되지 않고, 단백질 망이 안정화된다. 그래서 거품이 과하지 않고 폭신하고 단단하게 유지된다. 사실 구리 그릇에서 달걀을 과하게 치는 일은 거의 불가능하다!

주방의 한 수 구리 그릇에서 흰자를 치면 거품이 안정화된다. 구리 그릇의 효과를 제대로 활용하려면 소금 1큰술을 식초나 레몬즙 1큰술에 섞어 거품 치기 직전 그릇 표면의 산화구리를 완전히 닦아내자. 구리 그릇 표면에 산화구리가 코팅되어 있으면 구리 성분과 흰자가 결합하지 못하기 때문이다.

스톡에 흰자를 넣으면 왜 맑아질까?

요리의 과학 스톡은 왜 뿌열까? 고기를 끓일 때 단백질 입자가 녹아 나와 서로 엉기거나 스톡에 녹은 지방과 유화하여 둥둥 뜨기 때문이다. 또는 스톡을 만들 때 넣은 고기나 채소, 향신료 입자 때문에 뿌옇게 되기도 한다. 이 입자들은 대부분 풍미를 내기 때문에 깔끔하게 보일 목적이 아니라면 걷어낼 필요는 없다.

뿌연 스톡을 걷어내거나 면포로 거르면 큰 입자를 대부분 제거할 수 있지만, 흰자를 넣으면 마지막 남은 고운 입자까지 제거할 수 있다. 이 마법은 어떻게 일어날까?

흰자를 따뜻한 스톡에 첨가하면 달걀의 알부민 단백질이 스톡에 녹아 변성된 단백질이나 지방 또는 다른 불순물과 결합한다. 이어 흰자가 열에 응고되면 알부민 단백질 망에 불순물이 갇힌다. 따라서 응고된 흰자를 걷어내면 유리처럼 맑은 스톡을 얻을 수 있다.

주방의 한 수 스톡을 맑게 하려면 스톡 1ℓ에 흰자 2개 분량을 풀어 넣자. 따뜻한 스톡에 흰자를 풀고 휘젓지 않은 채 15분 정도 뭉근하게 끓이면 표면에 흰자 막이 생긴다. 막을 조심스럽게 걷어내면 맑은 스톡을 얻을 수 있다.

삶은 달걀 껍데기는 왜 잘 까지지 않을까?

요리의 과학 갓 낳은 신선한 달걀의 막은 껍데기에 단단히 붙어있어 까기가 여간 힘들지 않다. 하지만 낳은 지 시간이 지난 시판 달걀(양계장에서 직판매하는 달걀이 아닌 것)은 껍데기 까기가 더 쉽다. 보통 시판 달걀은 생산자가 미리 세척하는데, 이 과정에서 껍데기를 둘러싼 보호막 코팅이 벗겨져 달걀에서 이산화탄소가 스며 나온다. 이산화탄소는 약산성이므로, 달걀에서 이산화탄소가 나오면 달걀은 약알칼리성이 되어 껍데기 까기가 더 쉬워진다. 따라서 달걀을 삶으려면 냉장고에 며칠 보관하여 pH가 7.6~9.2로 오르도록 두면 된다. 달걀 껍데기를 통해 수분이 약간 증발하면서 달걀 안쪽이 수축할 것이다. 이로써 달걀 안쪽의 막이 오그라들면 껍데기와 달걀 사이에 공기주머니가 형성되어 껍데기를 까기가 좀 더 쉬워진다.

주방의 한 수 갓 낳은 신선한 달걀은 삶기 전에 세척하여 보호막을 제거하고 냉장고에 며칠 두면 껍데기 까기가 쉽다. 바로 사용하려면 끓는 물 4컵당 베이킹소다 ½작은술을 타서 달걀 삶는 물의 pH를 높여주어도 된다.

달걀을 오래 삶으면
왜 노른자가 녹색으로 변할까?

요리의 과학　달걀을 너무 오래 삶으면 흰자 단백질에 들어있는 시스테인 아미노산의 황 원자가 열 때문에 떨어져 나와 황화수소를 형성한다. 황화수소는 노른자 안으로 퍼져 노른자 속 철과 결합해 황화철을 만든다. 그러면 삶은 달걀노른자 주위가 탁한 암녹색으로 변한다. 노른자에는 흰자보다 철이 95배 더 많아 색이 변하지만, 흰자는 이렇게 녹색으로 변하지 않는다. 오래된 달걀을 삶으면 노른자가 쉽게 녹색으로 변하는데, 이는 달걀이 오래되면 알칼리성이 되기 때문이다. 알칼리성 조건에서는 시스테인 분해와 황화수소 생성이 더 빨리 일어난다. 무쇠 팬을 사용해 달걀프라이나 스크램블드에그를 만들면 철이 달걀로 녹아 들어가 비슷한 변색 현상을 일으키기도 한다.

주방의 한 수　달걀을 삶을 때 노른자 주변이 녹색으로 변하지 않게 하려면, 달걀을 찬물에 넣고 15분 이상 삶지 않아야 한다. 삶은 후에는 곧바로 찬물이나 얼음물에 담가 식혀서 과하게 익지 않도록 하자. 스크램블드에그를 만들 때는 달걀에 레몬즙 몇 방울을 섞어보자. 남아있는 철과 구연산이 결합해 달걀이 녹색으로 변하지 않는다.

"

오래된 달걀을 삶으면 노른자가 쉽게 녹색으로 변한다.

"

달걀을 완벽하게 익히려면 어떻게 해야 할까?

요리의 과학　껍데기가 깔끔하게 벗겨지도록 달걀을 완벽하게 익히는 비법은 바로 찌는 것이다. 완숙된 달걀 껍데기를 까기 어려운 이유는 달걀의 막이 껍데기에 단단히 들러붙어 있기 때문이다. 달걀이 수증기에 노출되면 달걀 막의 단백질이 순간적으로 열을 받아 분해(변성)되고 수축하면서 껍데기에서 분리된다. 달걀을 찌면 차가운 달걀이 끓는 물에 직접 닿지 않아 물 온도가 급격히 떨어지지 않으므로 균일하게 달걀을 익힐 수 있다.

주방의 한 수　소스 팬에 물을 2.5㎝ 높이로 붓고 끓인다. 찜기 바닥이 물에 닿지 않게 넣고 달걀을 한 층으로 깔은 후 뚜껑을 닫는다. 반숙을 원하면 6분, 완숙을 원하면 13분 동안 찐다. 시간이 다 되면 바로 얼음물에 달걀을 넣고 15분간 식혀서 더 익지 않도록 한다. 흐르는 물에 대고 까면 달걀 껍데기와 막이 쉽게 분리된다.

> 껍데기가 깔끔하게 벗겨지도록
> 달걀을 완벽하게 익히는 비법은
> 바로 찌는 것이다.

마요네즈가 되직해지지 않는 이유는 무엇일까?

요리의 과학 마요네즈는 유제의 일종인데, 유제는 쉽게 깨지는 특성이 있다. 마요네즈에서 물과 기름을 결합하는 주된 요소는 달걀노른자다(노른자에는 레시틴이라는 유화제가 들어있다. 43쪽 질문 '유제는 왜 잘 깨질까?' 참고). 마요네즈가 되직해지지 않는다면 레시틴이 충분하지 않기 때문일 수 있으므로, 노른자를 더 넣어 기름과 물이 잘 혼합되게 해야 한다.

기름을 물에, 반대로 물을 기름에 분산시키려면 많은 에너지가 필요하므로, 섞을 때 충분히 힘을 주어야 한다. 노른자 혼합물에 기름을 넣을 때는 아주 천천히 넣어야 하고, 재빨리 섞어서 기름이 작은 방울로 빨리 깨져서 혼합물에 골고루 퍼지게 해야 한다. 큰 기름방울이 남아있으면 (기름을 너무 빨리 넣으면 이렇게 된다) 작은 기름방울이 큰 기름방울 주위에 합쳐져서 유제가 깨진다. 소금이나 레몬즙 같은 산을 너무 많이 넣어도 유화제의 용해도가 바뀌어 유제가 형성되지 않거나 깨질 수 있다.

주방의 한 수 홈메이드 마요네즈를 성공적으로 만들려면 다음과 같은 사실에 주의하자. 먼저 노른자에 섞는 소금이나 레몬즙, 식초의 양을 레시피대로 정확히 맞춰야 한다. 기름은 아주 천천히 흘려 넣어야 하고(거의 방울방울), 혼합물이 되직해질(유화) 때까지 아주 빨리 휘저어야 한다. 이때는 기름을 조금 더 빨리 넣어도 된다(하지만 한꺼번에 붓지는 말자). 이 지시를 잘 지켰는데도 마요네즈가 잘 섞이지 않는다면 끓는 물 한두 작은술을 넣어 레시틴을 다시 녹여내고 노른자가 굳어지게 해보자. 노른자를 좀 더 넣어 레시틴과 유화력을 더할 수도 있다.

홀렌다이즈소스를 만들 때 왜 분리될까?

요리의 과학　홀렌다이즈소스를 만들 때 노른자(레시틴 포함)와 정제 버터(카세인 포함)를 넣으면 유화 효과를 2배로 노릴 수 있다. 홀렌다이즈소스를 만들 때 생기는 문제는 대부분 마요네즈를 만들 때와 비슷하므로(118쪽 질문 '마요네즈가 되직해지지 않는 이유는 무엇일까?' 참고), 여기에서 언급한 주방의 한 수를 따르면 된다. 홀렌다이즈소스와 마요네즈의 가장 큰 차이점은 홀렌다이즈소스가 조리된 유제라는 점이다. 유제를 가열하면 분산된 기름방울이 팽창하면서 밀도가 낮아져 밀도가 높은 물과 분리된다. 따라서 홀렌다이즈소스를 만들 때 깨지기 쉬운 유제의 균형을 유지하려면 뜨거운 팬에 열을 직접 가하지 말고 중탕해야 하며 소스를 재가열하면 안 된다.

홀렌다이즈소스가 분리되는 또 다른 원인은 낮은 온도다. 물이 얼어 얼음으로 바뀌면서 분산된 기름방울을 둘러싼 유화제 코팅에 끼어들면 유제가 깨지기 쉽다. 그래서 얼어버린 유제를 해동하면 분리된다.

주방의 한 수　홀렌다이즈소스를 만든 후 바로 사용하지 않는다면 보온병에 넣어두고 서빙할 때까지 따뜻하게 유지해야 한다. 홀렌다이즈소스를 재가열해서 분리되면 안타깝지만 버리고 다시 만드는 수밖에 없다. 얼어서 분리된 유제도 마찬가지다.

커스터드나 데운 우유에는 왜 막이 생길까?

요리의 과학 우유의 단백질에는 두 종류가 있다. 카세인과 유청 단백질이다. 우유를 70℃ 이상으로 데우면 단백질 분자 구조가 재배열되어 서로 엉긴다. 이처럼 단백질 구조가 반영구적으로 변하는 현상을 변성이라 한다. 우유를 데우면 표면에서 증발이 일어나 변성된 단백질이 농축된다. 유청 단백질과 카세인 단백질의 농도가 임계점을 넘으면 막이 형성되기 시작한다. 게다가 우유 속 지방이 변성 단백질에 달라붙으면 변성 단백질이 다시 우유 속으로 풀어지지 못하고 표면으로 이동한다. 우유 또는 우유가 든 혼합물을 가열한 후 식히면 식는 동안 표면에서 계속 증발이 일어나 막이 생긴다.

덧붙이자면, 우유 막은 이상한 것이 아니므로 먹어도 된다.

주방의 한 수 우유 막이 형성되지 않게 하려면 우유 또는 우유가 든 음식은 70℃ 이하로 데워야 하고, 데우는 동안 계속 저어 주어야 한다. 뚜껑을 덮으면 표면의 증발을 최소화할 수 있다. 유제품을 이용한 푸딩이나 커스터드를 만들 때 막이 생기지 않게 하려면 그릇에 옮겨 담은 뒤 곧바로 랩을 씌워서 증발을 막아야 한다.

우유 막은 이상한 것이 아니므로 먹어도 된다.

우유, 하프앤하프크림, 헤비크림은
서로 대체할 수 있을까?

대답 그럴 때도 있고 아닐 때도 있다.

요리의 과학 우유 가공 공장에서는 먼저 생우유를 원뿔형 분리기에서 휘저어 크림(유지방 36~40%, 유단백 2.5%)과 탈지유로 분리한다. 크림은 버터를 만드는 데 이용되는 헤비크림(유지방 함량이 높은 진한 생크림-옮긴이)으로 가공하거나, 탈지유에 섞어 1% 우유, 2% 우유, 전지유(유지방 3.5%), 하프앤하프크림(우유와 크림을 반씩 섞은 것-옮긴이)을 만드는 데 이용된다. 이런 과정을 거쳐 농장이나 소의 품종과 관계없이 모든 우유나 유제품이 정확한 유지방 함량을 갖도록 표준화할 수 있다.

유제품은 지방 함량으로만 구분되지 않는다. 1% 우유, 2% 우유, 전지유, 하프앤하프크림의 기본은 탈지유이므로, 탈지유의 유단백 함량이 중요하다. 우유 속 단백질은 지방 성분을 결합하는 유화제로 작용하여 질감이나 점성, 거품 형성에 큰 영향을 미친다. 헤비크림이나 하프앤하프크림에 물을 넣어 희석해 '우유'를 만든다면 단백질 비율이 맞지 않아 질감과 촉감이 달라진다. 반면 전지유에 버터를 섞어 부족한 지방을 보충하면 헤비크림이나 하프앤하프크림을 대체할 수 있다.

주방의 한 수 우유 ¾컵과 버터 ⅓컵을 섞으면 헤비크림 1컵(휘핑크림을 만들 때도 사용 가능)을 대체할 수 있고, 우유 ⅞컵에 버터 ½큰술을 섞으면 하프앤하프크림 1컵을 대체할 수 있다.

버터밀크에는 버터가 들어있을까?

대답 아니다.

요리의 과학 우유를 밤새 놓아두면 시큼해지면서 크림이 분리되는데, 이것이 버터의 시초다. 시어진 우유를 휘저으면 버터가 되고 액체가 남는데 이 액체를 버터밀크라 한다. 이름과 달리 버터밀크에는 지방이 우유보다 적게 들어있는데, 휘저어 만드는 과정에서 지방이 모두 제거되기 때문이다. 오늘날 버터밀크는 저지방 우유나 탈지유에 상업용 세균 배양액을 넣어 12시간 배양하여 만든다. 세균이 락토스를 발효해 락트산으로 만들기 때문에 버터밀크는 신맛이 난다. 산도가 증가하면서 유단백이 응고되어 침전되면서 우유가 굳어진다. 버터밀크를 베이킹소다와 함께 반죽에 넣으면 베이킹소다와 락트산이 강하게 반응하여 다른 팽창제를 사용했을 때와 다른 독특한 부풀기와 식감을 만든다. 우리가 사랑하는 버터밀크 팬케이크나 와플, 콘브레드, 비스킷의 식감은 버터밀크의 이런 특성 때문이다.

주방의 한 수 버터밀크는 베이킹소다와 빠르고 독특하게 반응해 반죽이나 빵을 부풀게 한다. 우유 대신 버터밀크를 수프나 아이스크림, 샐러드드레싱, 매시드포테이토, 오트밀 등에 넣으면 톡 쏘는 맛이 살짝 더해진다.

치즈는 왜 종류에 따라 다르게 녹을까?

요리의 과학　치즈는 물과 유단백, 지방, 락토스, 칼슘 이온으로 이루어져 있고, 치즈의 주요 단백질인 카세인에 칼슘 이온이 결합해 굳어진다. 카세인 망의 구멍 안에는 물과 지방, 락토스가 들어있다. 치즈를 가열하면 굳어진 유지방이 녹아 치즈 망에서 분리된다. 계속 열을 가하면 칼슘 이온과 결합했던 카세인 단백질이 떨어져 나와 자유롭게 움직이기 시작한다. 치즈의 종류에 따라 유지방이나 카세인이 분리되는 온도와 카세인이 움직이는 자유도(점도)가 다르다.

치즈가 녹는 온도와 점도에는 여러 요소가 영향을 미친다. 이 요소 중 하나는 치즈의 수분 함량이다. 물은 단백질 사이에서 윤활제 역할을 하므로, 수분 함량이 높은 모차렐라나 브리 치즈는 낮은 온도에서도 녹는다. 지방 함량도 치즈의 녹는 특성에 비슷한 역할을 한다. 체셔나 레스터 치즈는 지방 함량이 높아 모양이 잘 유지되지 않으므로 녹는 치즈로 불린다. 또 다른 요소로는 숙성 기간이 있다. 퀘소프레스코나 프로볼론 치즈처럼 숙성 기간이 짧은 치즈에는 카세인 분자가 그대로 망을 이루고 있어 녹아도 탱글탱글하고 식감이 쫀득하다. 숙성 기간이 짧은 할루미나 파니

> 치즈가 녹는 온도와 점도에는
> 치즈의 수분 함량, 지방 함량, 숙성 기간 등
> 여러 요소가 영향을 미친다.

르 치즈는 단백질 함량이 높고 지방 함량이 낮아, 단백질 망이 고온에서도 치즈 모양을 그대로 유지하므로 잘 녹지 않는다. 치즈를 숙성하면 세균과 곰팡이에서 분비된 단백질 분해 효소가 카세인 단백질을 분해해 샤프 체더(6~9개월 숙성한 체더 치즈-옮긴이) 치즈처럼 잘 녹는 치즈가 된다.

주방의 한 수 치즈의 녹는 특성이 모두 다르다는 사실은 좋은 일이다. 굽거나 맥앤치즈를 만들 때처럼 필요에 따라 알맞은 치즈를 선택할 수 있기 때문이다. 부드럽고 잘 녹는 치즈소스를 만드는 비법 중 하나는 갈아놓은 치즈 225g에 구연산(캔에 든 제품으로 구매 가능) 2작은술, 베이킹소다 2½작은술, 물 ½컵을 섞으면 된다. 이 혼합물을 치즈가 녹을 때까지 뭉근히 가열하면서 천천히 젓는다. 구연산과 베이킹소다가 구연산나트륨을 형성해 치즈의 칼슘과 결합하면서 카세인 망이 깨진다.

어떤 치즈에는 왜 껍질이 있을까?

요리의 과학　브리나 카망베르 치즈의 희고 보슬보슬한 껍질은 페니실리움속에 속하는 곰팡이(맞다, 의약품인 페니실린을 만드는 그 곰팡이다)로 먹어도 된다. 이런 치즈를 만들려면 먼저 살아 있는 곰팡이가 든 배양액을 치즈에 뿌린 다음 습한 환경에 두어 곰팡이가 잘 자라게 해야 한다. 5~12일이 지나면 곰팡이가 치즈 표면을 분해하면서 다른 미생물도 자리 잡아 우리가 잘 아는 흰색 껍질을 만든다.

껍질을 닦은 치즈는 주황색이나 붉은색을 띠는데, 이는 붉은색, 주황색, 노란색 색소를 만드는 미생물군이 자라기 때문이다. 소금물이나 알코올 용액으로 매일 씻으면 브레비박테리움 리넨스라는 세균이 자라 림버거나 아펜젤러 치즈처럼 풍미가 강한 숙성치즈가 된다. 표면을 닦아내며 숙성하는 치즈는 껍질을 닦은 치즈와 비슷한 방식으로 만들지만, 풍미를 더하기 위해 세균이나 진균이 포함된 물로 씻는다는 점에 차이가 있다. 뮌스터나 포르살뤼 치즈가 대표적이다.

시간이 지나면서 치즈 표면이 건조되면 자연스럽게 껍질이 생긴다. 모차렐라나 체더 치즈처럼 껍질을 형성하기에는 숙성 기간이 짧거나, 껍질 형성을 막기 위해 비닐로 싸서 상업적 방식으로 숙성하면 껍질이 생기지 않는다.

주방의 한 수　치즈 껍질은 보통 먹을 수 있다. 다만 에담이나 고다 치즈처럼 밀랍으로 만든 껍질이나 너무 질긴 껍질은 먹지 않는다. 하지만 아주 질긴 치즈 껍질도 요리에 사용할 수는 있다. 파르메산 치즈의 질긴 껍질은 파스타 소스나 스튜, 수프에 넣으면 풍미가 더해지고, 다른 치즈의 질긴 껍질도 그릴에 구우면 부드러워져서 먹을 수 있다.

어떤 치즈는 왜 향이 아주 강할까?

요리의 과학　치즈 생산 방법은 대부분 비슷하다. 치즈는 우유에 산이나 효소를 넣어 응고시킨 고형 커드^{curd}에 열을 가하고 소금을 넣어 그대로 사용하거나, 틀에 넣거나 눌러서 바퀴나 사각 덩어리 모양으로 만든다. 갓 눌러 만든 치즈 커드는 풍미와 향이 아주 부드럽다. 그런데 왜 어떤 치즈는 향이 부드러운데, 또 다른 어떤 치즈는 향이 아주 강할까? 치즈의 향은 치즈를 숙성하는 데 사용되는 세균이나 곰팡이 종류, 숙성 기간에 따라 달라진다. 향이 강한 치즈는 대부분 껍질을 닦거나 표면을 닦아내며 숙성하는 방법으로 만들어지는데(126쪽 질문 '어떤 치즈에는 왜 껍질이 있을까?' 참고), 축축하고 습도가 높은 환경에서 만들어진 치즈 껍질에는 세균이나 곰팡이가 자라 냄새 화합물이 생성된다. 건조한 환경에서 숙성된 치즈에는 더 부드러운 향을 내는 미생물군이 자란다.

　림버거 치즈를 예로 들어보자. 림버거 치즈는 누구나 인정하듯 세상에서 가장 향이 지독한 치즈다. 림버거 치즈는 발 냄새나 몸 냄새를 내는 세균인 브레비박테리움 리넨스를 접종하여 만든다. 몇 주간 연한 소금물로 매일 씻어낸 후 몇 달간 숙성하여 만든다. 브레비박테리움 리넨스는

> **치즈의 향은 치즈를 숙성하는 데 사용되는
> 세균이나 곰팡이 종류, 숙성 기간에 따라 달라진다.**

치즈 단백질 속에 있는 황을 포함한 아미노산을 대사시키고 메틸메르캅탄이나 황화수소(양배추나 달걀이 썩으면 나는 끔찍한 냄새) 같은 휘발성 유독 황 화합물을 만든다. 역겨운 냄새가 나는 부티르산과 발레르산을 생성하여 체육관의 오래된 수건 같은 냄새를 내기도 한다. 신선한 우유 커드에서 누군가는 아주 좋아하는 악명 높은 냄새 폭탄인 림버거 치즈로 바뀌는 데는 3개월 정도가 걸린다. 그 과정에서 앞서 살펴본 것처럼 상당히 많은 생화학 반응이 일어난다.

주방의 한 수 냄새가 지독한 치즈를 냉장고에서 잘못 보관했다가는 끔찍한 문제가 일어날 수도 있다. 냄새 화합물은 분자 크기가 작아 비닐봉지나 랩에서 쉽게 빠져나와 다른 음식에 흡수된다. 치즈는 시간이 지나면서 풍미를 잃기도 한다. 냄새 나는 치즈의 좋은 풍미를 잘 보존하려면 원래 포장지에서 꺼내 종이 포일이나 기름종이로 싸고 알루미늄 포일로 한 번 더 싼 다음 플라스틱이나 유리 용기에 넣고 뚜껑을 꽉 닫아 냉장 보관해야 한다.

블루치즈 곰팡이는 왜 먹어도 될까?

요리의 과학　블루치즈에 페니실리움 로크포르티라는 곰팡이를 접종하면 독특한 풍미와 냄새, 푸른 줄무늬가 생긴다. 원래 블루치즈는 치즈 공장의 공기 중에 있던 곰팡이가 자연히 자라서 만들어졌지만, 요즘은 무균 실험실에서 상업적으로 생산한 동결건조 곰팡이 포자를 이용해 만든다. 치즈에 곰팡이를 접종한 후 부패하지 않도록 저온 다습한 조건에서 60~90일간 숙성한다. 숙성 과정이 끝나면 130℃에서 4초간 멸균하여 남아있는 곰팡이를 사멸시켜서 발효가 더 일어나지 않도록 한다.

주방의 한 수　곰팡이를 먹으면 위험하거나 속이 울렁거릴 수 있다고 생각하지만, 블루치즈나 인위적으로 곰팡이를 접종한 치즈(희고 보슬보슬한 껍질이 있는 브리치즈 등)는 먹어도 위험하지 않다. 하지만 곰팡이가 없는 연성 치즈를 냉장 보관하는 동안 곰팡이가 피었다면 즉시 버려야 한다. 곰팡이 균사체가 치즈 안으로 들어갔기 때문에 먹으면 금방 배가 아플 수 있다. 경성 치즈는 곰팡이가 침투하는 데 시간이 상당히 걸리므로 곰팡이 난 부분만 잘라내면 된다.

치즈를 얼려도 될까?

대답 치즈에 따라 다르다.

요리의 과학 치즈는 단백질과 지방, 물, 소금이 맛있게 조합된 음식이다. 치즈마다 재료의 비율은 다르지만 치즈를 얼릴 수 있는지, 얼린 후에도 먹을 만한지는 주로 수분 함량에 달려있다. 보통 음식을 얼리면 물 분자가 천천히 움직이며 결정 구조로 배열되어 얼음이 생긴다. 얼음 결정은 물보다 부피를 많이 차지하므로, 얼리면 물이 팽창한다. 그래서 치즈 속 물이 얼면 치즈 단백질의 미세 구조가 갈라지고 부서져 식감이 나빠진다. 언 치즈를 해동해도 물은 단백질-지방 망으로 다시 흡수되지 않고, 오히려 치즈에서 분리되어 나와 미세한 물방울을 만들기 때문에 치즈가 퍼석하고 모래알처럼 된다. 치즈에 고르게 분포되어 있던 수용성·지용성 풍미 성분 역시 각각의 상에 분리되어 농축되므로 풍미도 달라진다.

특히 퀘소프레스코, 파니르, 브리 치즈처럼 수분 함량이 높은 치즈는 얼리면 좋지 않다. 고급 수제 치즈나 구멍이 많은 치즈도 얼리면 나쁜 영향을 받는다. 하지만 공장에서 만든 치즈 덩어리나 갈아놓은 치즈는 대부분 냉동해도 괜찮고, 해동해도 비교적 먹을 만하다. 파르미지아노레지아노나 페코리노로마노 치즈처럼 수분 함량이 낮은 경성 치즈도 얼렸을 때 덜 손상된다.

주방의 한 수 치즈를 얼리려면 확실히 감싸야 한다. 랩으로 단단히 밀봉한 후 지퍼백이나 플라스틱 또는 유리 용기에 넣어 뚜껑을 꽉 닫자. 이렇게 하면 냉동상을 막을 수 있다. 냉동한 치즈는 3개월까지 보관할 수 있고 해동할 때는 냉장에서 하룻밤 녹이면 된다.

가공치즈는 가짜일까?

대답 아니다.

요리의 과학 크래프트 식품의 창업자인 제임스 크래프트는 1900년대 초 가게에 치즈를 납품하던 치즈 도매상이었다. 크래프트는 사업을 키우면서 치즈가 더 많은 소비자에게 다가가지 못하는 이유는 먼 거리를 운송할 때 상해버리기 때문이라는 사실을 깨달았다. 크래프트는 1916년, 부패에 강한 치즈 제조 방법에 대한 특허를 출원했다. 원 특허에서는 체더나 콜비, 스위스, 프로볼론 치즈 같은 덩어리 치즈를 녹여 구연산나트륨이나 인산염과 섞어 지방과 단백질이 분리되지 않도록 했다. 녹은 치즈는 재빨리 멸균해 부패를 유발하는 미생물을 죽이고 주석 캔에 담아 밀봉했다. 이렇게 만든 치즈는 전 세계로 운송할 수 있고, 유통기한은 거의 무한대였다.

이어 가공치즈 제조자들은 보통 치즈를 만들 때 나오는 부산물인 비정제 유청이나 유고형분처럼 더 값싼 재료로도 가공치즈를 만들 수 있다는 사실을 발견했다. 보존제, 유화제, 식용 색소, 인공 향료 등을 넣어 식감과 풍미, 녹는 특성을 향상할 수도 있다는 점도 알았다. 하지만 진정한 혁신은 가공치즈에 효소를 첨가하여 적당한 온도로 며칠간 가온하면 효소가 치즈 속 단백질과 지방을 분해해 아주 강한 풍미 분자를 만든다는 사실을 발견한 일이다. 그 결과 치즈 풍미가 고농축된 효소 변형 치즈가 개발되었다. 이 과정을 거치면 숙성 체더나 파르메산, 고르곤졸라처럼 풍미가 강한 치즈를 몇 달이나 몇 년 걸리는 긴 숙성 과정 없이도 단 며칠 만에 만들 수 있다. 요즘은 구운 스낵, 딥, 수프나 다른 가공치즈 같은 식품에 효소 변형 치즈를 섞어서 풍미를 강화하기도 한다.

제 5 장

과일과 채소

인간은 농경이 발달하면서 과일이나 채소를 선별 교배하여 진화시킨 결과 더욱 다양한 품종의 과일과 채소를 즐길 수 있게 되었다. 우리의 입맛에 맞도록 오랜 시간에 걸쳐 식물의 생리를 개량하여 더 달콤한 사과, 전분 많은 감자, 과즙이 풍부한 복숭아, 덜 쓴 브로콜리를 생산했다. 하지만 오늘 시장에서 사 온 과일이나 채소도 더욱 입맛을 사로잡도록 바꿀 수 있다. 식품 과학을 이용해 과일과 채소의 풍미와 식감을 극대화하여 미각의 즐거움을 한껏 살릴 방법을 살펴보자.

과일이 숙성되면 어떤 일이 일어날까?

요리의 과학   숙성이라는 관점에서 보면 과일은 전환성 과일과 비전환성 과일로 구분된다. 전환성 과일이란 수확된 다음에도 계속 숙성이 진행되는 과일이다. 사과, 바나나, 토마토, 아보카도 등은 전환성 과일이다. 비전환성 과일은 작물에 달려있어야 숙성이 진행된다.

꽃이 수분되면 씨가 수정되고 과일의 생장이 시작된다. 씨가 물이나 영양소, 당을 흡수하고 호르몬을 분비하면 씨방 벽의 세포 분화가 유도되어 세포의 크기가 커지고 미성숙 과일의 형태가 이루어진다. 미성숙 과일은 겉과육이 단단하고 타닌, 알칼로이드, 치밀 섬유가 많아 맛이 쓰고 떫다. 미성숙 과일에 든 화합물은 세균이나 곰팡이의 침입을 막고 과일이나 그 속에 든 미성숙한 씨가 동물에게 먹히지 않도록 보호한다. 과일이 완전히 자라면 여러 유전자가 발현하고 효소가 분비되어 단단하고 미성숙한 과일이 과즙 가득한 숙성 과일로 바뀌어 (나중에 과일을 먹어 씨를 퍼트릴) 동물이나 인간이 먹음직스럽게 느끼게 된다.

이 과정에서 과일은 호흡을 통해 산소를 흡수하여 에너지와 열을 낸다. 전분이 당으로 바뀌고, 산이 중화되며, 녹색 클로로필이 깨져 새로운 색소 분자가 생성된다. 거대 분자는 향기 화합물로 바뀌어 고유한 향을 내고, 세포를 단단히 결합하는 펙틴 섬유질은 수화되어 과육이 부드러워진다. 이 과정은 계속 이어지다 결국 세균이나 곰팡이 때문에 과일이 부패한다.

주방의 한 수   전환성 과일은 대부분 숙성 시기가 매우 짧다. 숙성이 시작되자마자 금방 과숙성되거나 물컹해질 수 있다는 의미다. 아보카도나 바나나 같은 과일을 숙성하는 효소 반응을 늦추려면 냉장고나 서늘한 곳에 보관하자.

과일을 자르면 왜 갈색으로 변할까?

요리의 과학 갈변은 바나나나 아보카도, 사과 같은 과일에서 흔히 일어나는 현상으로, 보통 산화효소 때문에 일어난다(그래서 말 그대로 효소적 갈변 현상이라 불린다). 갈변의 주범은 폴리페놀 산화효소와 카테콜 산화효소다. 이 효소가 산소에 노출되면 과일에 들어있는 화합물을 멜라닌으로 바꾸는데, 멜라닌 색소는 빛을 흡수해 과일 단면을 어두운 갈색으로 바꾼다. 피부가 자외선에 노출되면 구릿빛으로 바뀌는 것도 이 멜라닌 화합물 때문이다. 폴리페놀 산화효소와 카테콜 산화효소는 중성인 pH7에서 가장 활성이 높으므로, 산을 가하면 효소의 활성이 느려져 갈변도 천천히 일어난다.

주방의 한 수 과일의 갈변을 막으려면 자른 단면을 랩으로 완전히 감싸 산소에 노출되지 않도록 하거나, pH2~3인 레몬즙이나 라임즙을 단면에 발라서 갈변 효소의 활성을 늦춰보자.

덜 익은 과일을 바나나와 함께 두면
더 빨리 익을까?

대답 그렇다.

요리의 과학 전환성 과일은 스스로 숙성을 할 수 있다. 숙성 단계가 되면 과일 속 유전자가 발현되어 에틸렌 가스를 생성해 방출한다. 전환성 과일에 있는 에틸렌 수용체에 에틸렌 가스가 결합하면 복잡한 생리학적 과정을 거쳐 숙성이 시작된다. 바나나나 사과, 토마토는 이런 과정을 거쳐 익는다. 레몬, 라임, 망고, 배, 복숭아, 아보카도 같은 과일도 에틸렌 가스에 아주 민감하다. 이런 과일들은 서로 가깝게 붙어있으면 훨씬 빨리 숙성된다.

상업적 농업에서 에틸렌 가스를 생성하고 조절하는 과정은 매우 중요하다. 에틸렌 가스는 과일을 먼 거리로 운송한 후 숙성시키는 데 이용된다. 보통 농부들은 보관이나 운송하는 동안 썩지 않도록 덜 익은 과일을 수확한다. 보관과 운송 중에는 에틸렌 세정기와 흡수기를 이용해 과일이 미리 익지 않도록 한다. 목적지에 도착하면 덜 익은 과일에 합성 에틸렌 가스를 뿌려 완전히 익은 상태로 과일 가게 선반에 오르도록 숙성을 촉진한다. 에틸렌 가스가 과일의 숙성에 화학적으로 영향을 준다는 사실을 알지 못했던 고대에도 이런 방법이 이용되었다. 고대의 농부들은 잘라서 상처를 낸 과일을 같이 두거나 창고 안에 향을 피워 과일의 숙성을 촉진했다. 자른 과일에서 에틸렌이 나오고, 향이 연소하면서 부산물로 미량의 에틸렌 가스가 생성된다는 사실은 나중에 밝혀졌다.

주방의 한 수 덜 익은 과일의 숙성을 촉진하는 고전적인 비법은 갈색 종이봉투에 바나나와 함께 넣어두는 것이다. 방출된 에틸렌 가스가 농축되어 숙성 기간이 하루 이틀 단축된다.

통조림이나 냉동 가공한 과일이나 채소는
생으로 먹는 것보다 영양소가 적을까?

대답 때에 따라 다르다.

요리의 과학 과일이나 채소를 가장 신선할 때 수확하면 영양소가 제일 많다. 하지만 과일이나 채소를 수확한 후 슈퍼마켓까지 운송하고 우리가 먹을 때까지 걸리는 긴 시간 동안 상당한 영양소가 손실된다. 아직 살아있는 과일이나 채소에서 영양소가 계속 대사되기 때문이다. 하지만 통조림으로 만들거나 얼리면 영양소를 보존할 수 있다. 식품에 열을 가해 유리나 금속 용기에 넣고 밀봉하여 보존하는 통조림 가공을 하면 과일이나 채소에 들어있는 영양소 분해 효소가 불활성화된다. 농작물을 상업적으로 냉동할 때도 먼저 데쳐서 영양소를 분해하는 효소를 불활성화한다.

주방의 한 수 과일이나 채소를 바로 따서 먹지 않는 한 영양소는 어느 정도 손실될 수밖에 없다. 너무 오래된 과일이나 채소보다는 냉동이나 통조림으로 가공한 제품에 영양소가 더 많이 들어있을 수 있으므로, 과일이나 채소를 생으로 구하기 어렵거나 상태가 좋지 못할 때는 냉동이나 통조림이 더 좋은 선택일 수 있다.

과일이나 채소를 익히면 영양소가 손실될까?

대답 때에 따라 다르다.

요리의 과학 과일이나 채소를 익힐 때는 열을 가하는데, 많은 영양소는 열에 약하다. 비타민류는 열과 산소에 쉽게 분해된다. 조리법도 영양소에 영향을 미친다. 과일이나 채소를 삶으면 비타민 B나 C, 미네랄 같은 수용성 영양소가 쉽게 녹아 나온다. 기름으로 소테하거나 튀기면 지용성 영양소인 비타민 A, D, E, K가 녹아 나온다. 튀기면 끓일 때보다 오메가-3 지방산이 분해되기 쉽다. 과일이나 채소를 찌면 열이 알맞게 전달되어 다른 조리법으로 익힐 때보다 열에 민감한 비타민류가 잘 보존된다.

　과일이나 채소를 익히면 조직이 깨져 영양소를 더 쉽게 이용할 수도 있다. 전분이 많은 채소나 감자는 날것으로는 거의 먹지 않는데, 여기에 든 전분은 에너지가 풍부하지만 세포벽 안에 있어 익히지 않으면 소화기에서 흡수되지 않기 때문이다. 당근의 주황색을 내는 베타카로틴이나 토마토의 붉은색을 내는 라이코펜 같은 항산화제는 익히면 흡수율이 높아진다.

주방의 한 수 과일이나 채소를 익히는 것이 영양소 함량과 품질에 미치는 영향은 복잡하다. 생으로 먹는 것보다 익혀 먹는 것이 좋은지도 간단히 대답하기 어렵다. 익히는 과정에서 어떤 영양소는 분해되지만 다른 영양소는 강화되기 때문이다.

파인애플을 먹으면 왜 혀가 얼얼할까?

요리의 과학   파인애플에는 브로멜라인이라는 효소가 들어있는데, 이 효소는 과일 속 단백질 분자를 작게 분해한다. 파인애플이 입과 혀에 닿으면 브로멜라인이 표면의 단백질을 천천히 녹이고, 씹을수록 브로멜라인이 혀에 미세한 구멍을 내서 파인애플의 산이 혀에 스며들어 얼얼한 느낌이 난다. 이 연쇄 반응은 생파인애플을 먹었을 때만 일어난다. 파인애플을 익히거나 통조림으로 만들면 브로멜라인이 불활성화된다.

    파파야에도 단백질 소화 효소인 파파인이 들어있지만, 파파야는 중성 pH이므로 먹어도 이런 얼얼한 느낌이 들지 않는다.

주방의 한 수   얼얼한 느낌은 싫지만 통조림보다 생파인애플을 먹고 싶다면 파인애플을 잘라 오븐이나 그릴에서 굽거나, 팬에서 시어링해보자. 이렇게 익히면 브로멜라인이 불활성화되고 당이 캐러멜화된다. 전자레인지에서 3~5분간 익혀도 얼얼한 느낌을 없앨 수 있다.

고추는 왜 매울까?

요리의 과학 고추에는 열감을 내는 캡사이시노이드라는 분자군이 들어있다. 캡사이신과 그 사촌인 디하이드로캡사이신은 이 분자군 중에서 가장 매운데, 캡사이신은 고추의 열감을 좌우하는 주요 분자다. 매운 정도는 스코빌 지수^{Scoville Heat Unit}로 측정되는데, 순수한 캡사이신과 디하이드로캡사이신은 160억 스코빌이다. 지용성인 이 분자는 입과 코, 눈의 감각 뉴런에 있는 TRPV1 수용기와 반응한다. 캡사이신과 캡사이시노이드의 분자 구조는 TRPV1 수용기에 딱 맞아 강하게 결합해, 심한 화상이나 상처를 입었을 때와 비슷한 고통 신호를 뉴런을 통해 뇌로 보낸다.

덧붙이자면, 포유동물이 고추를 먹었을 때 고통과 열감을 느끼는 것은 진화적 측면에서 보면 조금 이상하다. 조류도 TRPV1 수용체를 가지고 있지만 비슷한 신경 회로는 없다. 사람과 포유동물만이 고추를 먹고 열감을 즐긴다. 캡사이신을 많이 먹으면 쾌락의 역전이라고 불리는 메커니즘에 따라 고통이 희열감이나 기쁨으로 느껴지기도 한다. 펜실베이니아대학교 심리학 교수인 폴 로진은 맵거나 쓰고 역겨운 음식이 인간에게 주는 반응을 연구했다. 로진의 연구 결과에 따르면, 불쾌할 것 같은 음식을 먹으면 신체는 부정적인 반응을 일으키지만, 오랜 문화적 훈육과 사회적 압박으로 마조히즘적인 쾌락(쾌락의 역전)이 일어나기도 한다.

주방의 한 수 보통 고추씨가 제일 맵다고 생각하지만 그렇지 않다. 캡사이신이 가장 농축된 부분은 씨를 둘러싸고 있는 흰 태좌 부분이므로, 열감을 줄이려면 이 부분을 제거하자. 캡사이신이 점막에 있는 통증 수용기와 결합하면 아주 괴로우므로, 고추를 만진 다음 눈이나 코를 만지지 않도록 주의해야 한다.

고추의 얼얼한 느낌을 줄이려면
어떻게 해야 할까?

요리의 과학   캘리포니아대학교 데이비스 캠퍼스의 연구진은 고추의 얼얼한 느낌을 막는 가장 효과적인 방법이 무엇인지 연구했다. 캡사이신은 지용성이므로, 연구진은 지방이 든 액체나 알코올처럼 지방을 녹이는 액체를 입에 머금는 방법이 가장 효과적이라고 생각했다. 하지만 에탄올이나 물로 입안을 헹구는 방법은 둘 다 거의 효과가 없었다. 전지유도 열감을 줄이지만 버터를 첨가해 지방 함량을 높여도 얼얼함을 더 줄이지는 못했다. 가장 효과적인 방법은 놀랍게도 차가운 설탕물로 입안을 헹구는 방법이었다. 어째서 이 방법이 효과가 있는지는 확실하지 않지만, 연구진은 고추를 먹을 때 느껴지는 열감과 통증 지각을 설탕이 방해해서 뇌로 전달되지 못하도록 하는 것이 아닐까 추측했다.

주방의 한 수   실수로 매운 고추를 씹어서 너무 괴롭다면 설탕이 든 차가운 주스나 탄산음료를 마시자. 우유도 좋지만 설탕 든 음료가 훨씬 효과적이다. 눈이나 코에 캡사이신이 들어갔다면 우유나 설탕물로 재빨리 씻어 얼얼함을 달래자.

양파를 썰면 왜 눈물이 날까?

요리의 과학   양파는 야생 동물에게 먹히지 않기 위한 특별한 방어 체계를 가지고 있다. 양파를 다지거나 썰거나 으깨면 세포벽이 깨져서 독특한 효소 2가지와 아미노산이 분비된다.

알리나제라는 효소는 아미노산을 생화학적으로 둘로 분해해 술펜산이라는 화합물을 만든다. 술펜산은 마늘, 양파, 샬롯, 리크, 차이브 등 파속 식물에 공통으로 들어있으며, 얼얼함을 느끼게

양파와 눈물에 숨겨진 생화학

1. $\boxed{AA}$ + (A) = $\boxed{SA}$

2. $\boxed{SA}$ + (LFS) = $\triangle{LF}$

3. $\triangle{LF}$ =

양파를 썰거나 다지면 알리나제(A)라는 효소가 양파의 아미노산(AA)을 분해하여 술펜산(SA)으로 바꾼다. 라크리마토리 인자 합성효소(LFS)가 술펜산을 휘발성 높고 자극이 강한 눈물 인자(LF)로 바꾸어 눈물이 나게 한다.

하고 황 같은 풍미를 낸다. 하지만 마늘이나 리크에는 없는 효소인 라크리마토리 인자 합성효소는 풍미 분자를 눈물 인자라는 화학 성분으로 재빨리 바꾼다. 양파를 썰 때 눈물이 나는 현상은 라크리마토리 인자 합성효소 때문이다(당연하게도 '라크리마토리lachrymatory'라는 말은 눈물 나게 한다는 의미다). 모두 알다시피 이 효소는 빠르게 작용한다. 단 몇 분 안에 아미노산의 99%가 눈물 인자로 바뀌어 눈물이 쏟아져 나오는 바람에 급하게 휴지를 찾게 된다.

주방의 한 수 양파를 다질 때 눈물을 쏟고 싶지 않다면 이 방법을 사용해보자. 먼저 양파를 반으로 잘라 전자레인지에서 2~3분간 가열한다. 만질 수 있을 정도로 냉장고에서 식힌 후 갈거나 다진다. 여기에 다진 마늘 1쪽과 물 1큰술을 섞어 5분간 둔다. 전자레인지의 열로 양파 효소가 불활성화될 때 안타깝게도 풍미 효소도 같이 불활성화되지만, 마늘과 물을 섞으면 풍미 효소를 더할 수 있다.

양파는 색깔별로 차이가 있을까?

대답 그렇다.

요리의 과학 양파는 톡 쏘는 향을 내는 마늘이나 차이브, 리크, 샬롯과 같은 파속 식물이다. 파속 식물에는 동물이나 해충을 쫓는 독특한 화학적 방어 체계가 있다. 파속 식물의 조직이 깨지면 알리나제라는 효소가 황 화합물(술펜산)을 만들어, 생으로 씹으면 독특한 맛이 난다. 알리나제는 파속 식물 조직에 저장된 아미노산류인 시스테인 설폭사이드와 반응하는데, 파속 식물에 든 시스테인 설폭사이드의 종류와 양은 각각 다르다.

양파에는 다른 파속 식물보다 한발 앞선 독특한 화학 체계가 있다. 양파 조직이 깨지면 세포에서 알리나제가 분비되어 양파 고유의 시스테인 설폭사이드와 반응해 술펜산을 만든다. 술펜산은 라크리마토리 인자 합성효소와 반응해 눈물 인자로 바뀌어 양파를 썰거나 다질 때 눈물이 나게 한다. 흰 양파에는 라크리마토리 인자 합성효소와 양파 고유의 시스테인 설폭사이드가 많아 씹었을 때 얼얼한 느낌이 강하다. 노란 양파와 적양파에는 재배될 때부터 눈물 인자의 전구체인 시스테인 설폭사이드가 적다. 스위트옐로우나 비달리아 양파에는 알리나제 효소가 적어서 술펜산이나 눈물 인자도 적게 분비되므로 썰 때 눈물이 거의 나지 않고 단맛도 강하다.

주방의 한 수 양파 종에 따라 재배 방법이 달라 양파의 생화학적 특성이 달라지므로, 각각의 양파는 독특한 풍미 특성을 갖는다. 흰 양파는 얼얼하고 양파 풍미가 강하지만, 적양파나 노란 양파는 풍미가 부드럽다. 비달리아나 마우이 또는 달콤한 종의 양파는 보통 얼얼한 맛이 적다. 원하는 풍미와 톡 쏘는 맛의 강도에 따라 양파를 골라 사용하자.

마늘과 양파의 풍미는 요리에 어떻게 전달될까?

요리의 과학 마늘과 양파에는 시스테인 설폭사이드라 불리는 독특한 아미노산류가 있어 다양한 방법으로 요리에 풍미를 전달한다. 양파나 마늘을 자르면 시스테인 설폭사이드에서 술펜산이 나오고, 술펜산은 우리가 아는 양파나 마늘의 풍미로 바뀐다. 시스테인 설폭사이드가 열에 노출되면 마늘이나 양파에 들어있는 당과 반응해 마이야르 반응을 일으켜 고기 요리와 비슷하게 황을 함유한 향과 풍미 분자를 만든다(통마늘을 60℃에서 4주 동안 숙성한 흑마늘에는 특히 마이야르 반응 산물이 풍부하다).

게다가 시스테인 설폭사이드가 감칠맛을 내는 글루탐산모노나트륨이나 이노신산이나트륨, 구아닐산이나트륨(안초비나 피시소스, 간장, 표고버섯, 토마토소스, 효모추출물, 파르메산치즈, 고기 부용에 들어있는 성분) 같은 화합물과 결합하면 감칠맛이 더욱 증가하고 오래 유지된다. 이런 맛 특성은 깊은 맛이라고 알려져 있다(깊은 맛에 대해 더 알고 싶다면 72쪽 질문 '영양효모의 독특한 향은 어디에서 올까?'를 참고하라).

주방의 한 수 마늘이나 양파를 생으로 또는 익혀서 사용할 때는 서로 다른 화학 작용이 일어나지만, 두 경우 모두 요리에 복합적인 풍미를 더하는 감칠맛을 준다.

Q

마늘을 써는 방법에 따라 맛의 강도가 달라질까?

대답 그렇다.

요리의 과학 알리신은 마늘을 자르거나 으깰 때 나오는 주요 풍미 분자로, 마늘에 들어있는 알리나제라는 효소가 아미노산류(시스테인 설폭사이드)와 반응해 만드는 황 분자다. 시스테인 설폭사이드는 마늘이나 샬롯, 차이브, 양파 등 파속 식물에만 들어있다. 효소와 시스테인 설폭사이드는 분리되어 있지만 세포를 깨면 이들이 뒤섞여 알리신을 만든다. 세포가 깨질수록 풍미가 더 많이 나온다. 마늘을 다지면 저밀 때보다 알리신 분자가 더 많이 생성된다. 마늘을 절구질해서 세포 대부분을 으깨면 풍미가 극대화된다.

주방의 한 수 마늘은 잘게 썰거나 으깰수록 풍미가 증가한다. 강한 풍미를 원한다면 마늘을 저미기보다 갈거나 다지거나 으깨서 사용하자.

  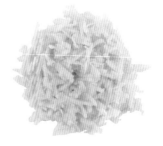

마늘은 익히면 왜 고추와 달리
풍미가 부드러워질까?

요리의 과학 마늘의 주요 풍미 분자는 알리신으로, 마늘 조직이 깨지거나 으깨질 때 나온다. 알리신은 생마늘을 씹었을 때 강한 얼얼함을 내는 성분이기도 하다. 마늘을 익히면 2가지 화학 과정이 일어나 얼얼함이 약해진다. 먼저 마늘을 45℃ 이상에서 익히면 알리나제 효소가 비가역적으로 불활성화된다. 또 알리신은 일반적인 조리 온도보다도 상당히 낮은 80℃ 이상으로 가열하면 불안정해져 수많은 황 분자로 분해된다. 이렇게 분해된 풍미 분자에는 알리신 같은 톡 쏘는 맛이 없으므로, 마늘을 익히면 풍미가 부드러워진다.

마늘 속 알리신은 조직이 깨질 때 분비되지만, 고추의 매콤한 얼얼함을 내는 캡사이신은 고추가 자라면서 고추 속에 농축된다. 캡사이신은 알리신보다 열에 강하고 고온에서도 안정적이며, 고추 껍질에서 녹아 나오므로 고추를 으깨지 않아도 요리에 매운맛이 전달된다. 고추를 말리는 온도는 캡사이신이 분해되는 온도보다 훨씬 낮으므로, 마른 고추에는 캡사이신이 농축되어 매운맛이 더 효과적으로 전달된다.

주방의 한 수 마늘의 주요 풍미 분자인 알리신은 불안정하고 비교적 낮은 온도에서도 불활성화되므로, 마늘을 익히면 풍미가 부드러워진다. 반면 고추 속 캡사이신은 안정적인 분자라서 아주 고온에서 분해된다.

콩을 익힐 때 소금이나 토마토를 넣으면
콩이 딱딱해질까?

대답 그렇기도 하고 아니기도 하다.

요리의 과학 『더 푸드 랩』의 저자인 J. 켄지 로페즈-알트에 따르면 콩을 익힐 때 소금을 쳐도 콩이 딱딱해지지 않는다. 오히려 소금을 치면 콩의 풍미와 질감이 나아진다. 왜 그럴까? 콩의 단단한 껍질을 만드는 주요 성분은 마그네슘과 칼슘 이온이다. 콩을 소금물에 담가 불리거나 익히면 나트륨 이온이 콩 세포 안으로 들어가 마그네슘이나 칼슘 이온과 교환된다. 이 과정에서 물이 콩 속으로 더 깊이 스며들고 수분이 골고루 분포된다. 그 결과는 어떨까? 소금물에 담가 불리거나 익힌 콩은 그냥 물에서 불리거나 익힌 콩보다 더 골고루 익어 부드러워진다. 그냥 물에서 콩을 불리거나 익히면 뜨거운 물에 콩의 겉껍질이 약해지고 깨져 결국 익히는 도중 콩이 터진다.

　말린 콩에 토마토를 넣어 익히면 반대 효과가 난다. 토마토에는 시트르산이 많다. 시트르산은 칼슘이나 마그네슘과 단단히 결합해 물에 거의 녹지 않는 시트르산 침전물을 형성한다. 그래서 말린 콩에 토마토를 넣어 익히면 시트르산 때문에 물이 콩의 겉껍질로 침투하기 어려워져 콩이 부드러워지지 않는다.

주방의 한 수 말린 콩에는 소금을 쳐서 익히자. 콩을 익히기 전에 미리 불리고 싶다면 물 1ℓ에 소금 1큰술을 타서 실온에서 8~24시간 동안 불리면 된다. 간단하게 하려면 익힐 때 소금을 넣어도 좋다. 소금이 콩의 겉껍질을 연하게 만들어 콩이 부드럽게 골고루 익는다. 반대로 토마토를 넣어야 한다면 콩이 완전히 익은 다음에 넣자.

아이들은 왜 생브로콜리를 싫어할까?

요리의 과학 브로콜리는 양배추, 콜리플라워, 겨자와 마찬가지로 배추속 식물이다. 배추속 식물은 대부분 생화학적으로 비슷하며, 조직을 씹거나 자르거나 찢을 때 공통적인 효소가 분비된다. 이 효소는 글루코시놀레이트(식물 조직에도 저장되어 있다)라 불리는 당 유사 화합물과 반응하여 이소티오시아네이트라는 쓴맛 화합물을 만들어 동물이나 벌레가 작물을 먹지 못하도록 보호한다. 하지만 이 천연 퇴치제는 생브로콜리일 때만 효과가 있다. 브로콜리에 열을 가하면 이 효소가 불활성화하기 때문이다. 보통 이소티오시아네이트는 약간 쓰게 느껴지지만, 특히 쓴맛 수용기가 민감한 사람들은 배추속 식물을 생으로 먹을 때 훨씬 불편한 반응을 보인다. 어린이들은 독성 물질을 먹지 않도록 쓴맛 수용기가 발달해 있다. 하지만 자라면서 청소년이 되면 쓴맛 수용기가 덜 예민해진다.

주방의 한 수 아이들이 브로콜리를 싫어하는 이유는 어른보다 훨씬 쓰다고 느끼기 때문이다. 부드럽고 바삭하게 조리해서 쓴맛 효소를 불활성화해보자. 너무 익히면 다른 쓴맛 분자가 생길 수도 있으므로 주의하자.

아스파라거스는 색깔별로 차이가 있을까?

요리의 과학 우리가 아스파라거스라고 알고 있는 부분은 사실 양치식물의 순이다. 아스파라거스가 계속 자라면 줄기는 나무껍질처럼 질겨지고 쓴맛이 나서 먹을 수 없게 된다. 초록 아스파라거스는 햇빛이 있어 광합성을 할 수 있는 환경에서 재배된다. 흰 아스파라거스는 어린 순을 흙으로 덮어 햇빛이 닿지 않게 만든 환경에서 재배된다. 그래서 클로로필 색소(초록색)를 잃고 우리에게 익숙한 풀 향기 대신 달콤한 맛이 난다. 보라색 아스파라거스는 이탈리아에서 개발된 특수한 종으로 초록색이나 흰색 종보다 달고 섬유질은 적다. 초록 아스파라거스는 풀 향이 나고, 흰 아스파라거스는 부드럽고 버터 풍미가 있지만, 보라색 아스파라거스는 더 달고 견과류 풍미가 있다.

주방의 한 수 아스파라거스 줄기의 질긴 부분을 제거하려면 줄기의 밑동 ⅓을 꺾어 버리면 된다. 흰색 아스파라거스는 익히기 전에 쓴 껍질을 반드시 벗겨내야 하지만, 초록색이나 보라색 아스파라거스는 그대로 써도 되고 부드럽게 먹으려면 껍질을 벗겨내도 된다.

감자를 찬물에 넣어 삶는 것과
끓는 물에 넣어 삶는 것이 차이가 있을까?

대답 그렇다.

요리의 과학 펙틴은 감자 세포벽을 이루는 주성분으로 감자를 익힐 때 세포를 단단하게 유지해준다. 감자에는 펙틴과 반응하는 펙틴 메틸에스터라제라는 효소가 있다. 이 효소는 60℃에서 가장 활성화되므로 감자를 찬물에 넣어 끓이기 시작하면 최적 온도까지 올리는 데 시간이 걸려, 부드럽지만 식감이 살아있도록 익힐 수 있다. 반면 끓는 물에 감자를 넣어 삶으면 효소가 즉시 불활성화되어 감자가 죽처럼 되어버린다. 찬물에서 감자를 삶기 시작하면 열이 천천히 전달되어 전분이 골고루 젤라틴화되지만, 끓는 물에 바로 넣으면 열이 고르게 분포되지 않아 삶아도 식감이 나빠진다.

주방의 한 수 감자를 부드럽지만 식감이 살아있도록 골고루 익히려면 찬물에 넣고 삶아야 한다.

감자는 요리에 따라 적합한 종류가 따로 있을까?

대답 그렇다.

요리의 과학 감자의 종류와 품종은 아주 다양하며, 각각 고유한 생화학적 특성과 조성을 이루고 있어 질감과 풍미, 촉감이 서로 다르다. 단순하게 분류하자면 익히면 풀어지는 감자와 그대로인 감자가 있다. 이 특성은 감자 속 전분의 종류와 수분 함량에 따라 달라진다. 모든 감자는 분질 감자, 점질 감자, 다용도 감자 세 종류로 나뉜다.

러셋이나 아이다호 감자 같은 분질 감자는 수분이 적고 전분 함량이 높다. 익히면 전분 세포가 부풀어서 분리되므로, 구우면 건조하고 포실한 식감이 되고, 매시드포테이토로 만들면 포슬포슬하고 크리미한 식감이 되며, 프렌치프라이로 만들면 바삭하고 가벼운 식감이 된다.

레드블리스, 크리머, 핑거링 감자 같은 점질 감자는 당분과 수분이 많고 전분은 적다. 점질 감자의 전분은 분질 감자 전분보다 성기게 엉켜 있어 익혀도 분리되지 않는다. 그래서 점질 감자는 삶아도 형태가 유지된다. 점질 감자는 구워도 단단하고 분질 감자처럼 포실해지지 않는다. 수분

> "
>
> 점질 감자는 구워도 단단하고
> 분질 감자처럼 포실해지지 않는다.
>
> "

이 많아서 흐물거리고 질척하므로 튀김에는 적합하지 않고, 다른 감자보다 당분이 많아 더 빨리 갈변한다.

유콘 골드 같은 다용도 감자는 전분 함량이 분질 감자와 점질 감자의 중간 정도다. 다용도 감자는 모든 요리에 사용할 수 있다.

주방의 한 수 분질 감자는 포실하고 가벼운 식감을 내므로 프렌치프라이나 구운 감자, 매시드포테이토에 최적이다. 곱게 으깨기보다 대충 으깨 형태를 유지한 감자샐러드를 만들고 싶다면 점질 감자가 답이다.

팝콘은 어떻게 만들어질까?

요리의 과학　보통 우리가 먹는 옥수수는 옥수수 식물의 열매로, 단단한 겉껍질 속에 전분기 있는 내용물이 조밀하게 들어있는 알맹이다. 팝콘은 고대부터 재배된 옥수수의 일종으로 단단하고 부드러운 전분 입자가 적당한 비율로 들어있어 열을 가하면 펑 터진다.

　하지만 정확히 어떻게 옥수수 알맹이가 뻥 터질까? 건조된 팝콘 옥수수 알맹이를 가열하면 전분기 많은 내부에서 수증기가 생긴다. 팝콘 알맹이 겉껍질이 단단한 특성은 이 단계에서 중요하다. 껍질이 단단해서 수증기를 내부에 가둘 수 있으므로 내부에 압력이 생기고 전분이 부드러워져 젤라틴화된다(보통 팝콘 옥수수 알맹이는 단단해서 기압의 9~10배나 되는 압력과 180℃나 되는 온도를 견딜 수 있다). 팝콘 옥수수 알맹이의 겉껍질이 터지고 수증기가 재빨리 빠져나오면서 젤라틴화된 전분이 함께 터져 나와 공기처럼 가벼운 팝콘이 만들어진다.

　튀겨지지 않은 알맹이는 적고 더 맛있는 팝콘이 튀겨지는 옥수수 종을 개발하기 위해 많은 농업 기술 연구가 이루어졌다. 수많은 팝콘 변종을 다년간 연구한 농업과학자 오빌 레던바허는 팝콘 변종을 확립하고 완성하여 1970년대 팝콘 시장 대부분을 점유했다.

> 건조된 팝콘 옥수수 알맹이를 가열하면
> 전분기 많은 내부에서 수증기가 생긴다.

주방의 한 수 로스앤젤레스의 레스토랑 스퀄의 오너셰프인 제시카 코슬로우는 팝콘을 튀길 때 기름을 많이 넣으면(팝콘 옥수수 알맹이 ⅓컵당 기름 ½컵) 더욱 바삭한 팝콘을 만들 수 있다고 조언한다. 팝콘 알맹이가 튀겨지려면 적어도 180℃는 되어야 하므로 발연점이 높은 기름을 사용해야 한다(포도씨유, 아보카도유, 해바라기씨유, 카놀라유, 옥수수유가 좋다).

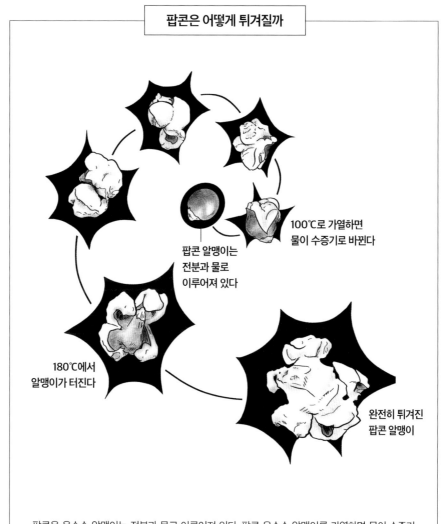

팝콘용 옥수수 알맹이는 전분과 물로 이루어져 있다. 팝콘 옥수수 알맹이를 가열하면 물이 수증기로 바뀌면서 전분이 젤라틴화된다. 알맹이 속에 압력이 가해져 결국 알맹이가 터지면 수증기가 나오고 액화된 전분이 재빨리 식으면서 우리가 좋아하는 팝콘이 된다.

버섯에서 왜 고기 맛이 날까?

요리의 과학 지구상에서 먹을 수 있는 버섯은 300여 종이나 되지만, 30여 종만이 재배되며, 상업적 규모로 재배되는 버섯은 10종뿐이다. 가장 널리 생산되고 소비되는 버섯은 양송이버섯, 표고버섯, 느타리버섯이다. 버섯에는 리보뉴클레오티드의 일종인 구아닐산이 들어있어 감칠맛을 내는데, 구아닐산의 농도는 버섯이 자랄수록 증가하며, 버섯을 건조시켜도 증가한다. 구아닐산 농도가 높은 버섯은 감칠맛이 더 강하다.

버튼 또는 흰 양송이, 좀 더 성숙한 크레미니버섯, 더 크고 완전히 성숙한 베이비벨라와 포타벨라 버섯은 모두 양송이속이다. 흰 버튼 양송이버섯은 부드럽고 질감이 크리미하며, 성장하면서 수분이 빠지면 풍미 깊은 크레미니나 포타벨라 버섯이 된다.

표고버섯은 포타벨라버섯처럼 고기 같은 식감을 낸다. 익히면 훈제 향과 흙 맛 같은 풍미가 나는데, 이는 황 화합물인 렌티오닌 때문이다. 말린 표고버섯은 우리가 아는 식품 중 구아닐산 함량이 가장 높은 식품 중 하나로 요리의 감칠맛을 폭발시킨다. 다른 버섯과 달리 표고버섯은 다당류인 렌티난을 포함하고 있어서 생으로 또는 제대로 익히지 않고 먹으면 편모충성 피부염이라는 알레르기 반응을 일으킬 수 있다. 완전히 익히면 렌티난이 분해되므로 괜찮다.

느타리버섯은 부드럽고 맛있는 줄기에 부드러운 머리가 달린 버섯이다. 느타리버섯은 요리에 섬세한 식감을 주는 특징으로 유명하다. 향을 내는 화합물인 벤즈알데하이드가 들어있어 아니스 같은 냄새와 맛이 약하게 난다. 느타리버섯의 구아닐산은 표고버섯의 1/5밖에 되지 않는다.

주방의 한 수 요리에 버섯을 넣지 않고도 버섯의 감칠맛을 내는 구아닐산의 효과를 내려면 말린 표고버섯을 곱게 가루 내어 섞어보자. 1작은술을 넣어보고 깊은 맛을 내려면 더 넣어도 좋다.

제 6 장

빵과 디저트

빵 굽기는 어렵다. 처음이라면 더욱 그렇다. 레시피를 조금만 바꿔도 폭신한 케이크 대신 단단하거나 납작한 케이크가 만들어질 수도 있다. 베이킹소다를 조금 덜 넣거나 설탕을 조금만 더 넣어도 빵을 굽는 동안 일어나는 화학 작용의 균형이 깨져서 완성품의 식감이 나빠진다. 이 장에서는 빵이 구워지는 과정에 숨겨진 화학 작용을 살펴보며, 달콤한 빵과 디저트를 성공적으로 만드는 방법을 찾아보자.

글루텐이란 무엇일까?

요리의 과학　글루텐은 글루테닌과 글리아딘(밀, 호밀, 스펠트밀 등의 곡류에 들어있다)이라는 2가지 단백질에 물을 섞으면 만들어지는 신축성 있는 망이다. 글루테닌과 글리아딘 단백질은 수화되면 즉시 이황화 결합을 이루어 단백질 가닥을 만든다. 그러면 프로테아제라는 단백질 가수분해 효소가 이 단백질 가닥 일부를 잘라 작은 단백질 사슬로 재배열한다. 작은 단백질 사슬은 다른 단백질 가닥과 이황화 결합을 더 형성하여 복잡한 망상 구조를 이룬다. 글루테닌은 망의 탄성과 강도에, 글리아딘은 반죽의 점성에 영향을 준다. 반죽을 힘껏 섞거나 치대면 글루텐이 계속 형성되어 반죽이 부드럽고 잘 늘어나게 된다.

글루텐은 발효 시골빵 같은 빵을 구울 때 특히 유용하다. 탄력 있는 글루텐 망이 튼튼한 구조를 이루고 이 망에 효모가 만든 이산화탄소 공기방울이 가두어져, 빵이 완성되면 먹음직스러운 식감이 나고 속살에 큰 기공이 많은 빵이 된다. 컵케이크나 비스킷처럼 속살이 부드럽고 섬세한 빵을 구울 때는 재료가 뭉쳐질 정도로만 재빨리 섞어 글루텐 형성을 최소화한다.

> **"**
>
> ## 반죽을 힘껏 섞거나 치대면
> ## 글루텐이 계속 형성되어
> ## 반죽이 부드럽고 잘 늘어나게 된다.
>
> **"**

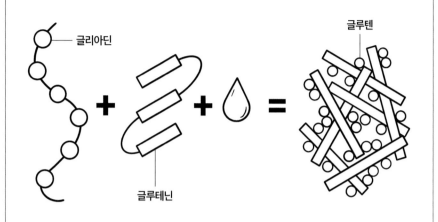

글루텐은 어떻게 만들어질까

글리아딘

글루테닌

글루텐

글리아딘과 글루테닌은 밀에 들어있는 단백질이다. 글리아딘과 글루테닌이 수화되면 서로 결합하여 글루텐을 형성하고 단백질 사슬로 이루어진 복잡한 망을 만든다.

모든 곡물 가루에 글루테닌과 글리아딘이 들어있지는 않고, (밀가루처럼) 글루테닌과 글리아딘을 둘 다 포함할 때도 함량은 각각 다르다. 글루텐 함량이 높은 제빵용 강력분은 글루테닌과 글리아딘 함량이 높다. 다목적으로 사용되는 중력분에는 글루텐 형성 단백질이 적고, 케이크용 박력분에는 훨씬 더 적다.

주방의 한 수 밀가루에는 글루테닌과 글리아딘 단백질이 들어있어 물과 섞으면 글루텐을 형성한다. 빵의 구조를 만드는 글루텐 망의 강도는 밀가루의 종류와 반죽을 섞는 강도에 따라 조절된다. 부드러운 빵을 만들려면 중력분이나 박력분(둘 다 글루텐 형성 단백질의 함량이 낮다)을 사용하고 최소한으로 섞어야 한다. 글루텐이 너무 많이 형성되면 케이크나 비스킷이 딱딱해진다. 껍질이 바삭하고 쫄깃하면서도 속살은 폭신한 발효빵을 만들려면 글루텐 함량이 높은 강력분을 사용하고 반죽을 잘 섞어 치대야 한다.

빵을 구울 때 효모의 역할은 무엇일까?

요리의 과학 효모는 사카로미세스 세레비시에라는 곰팡이의 일종으로, 빵을 구울 때 가장 흔히 사용되는 재료다. 밀가루와 물, 효모를 혼합하면 밀가루에 든 아밀라아제라는 효소가 전분을 단당(말토스와 글루코스)으로 분해하여 효모의 먹이로 만드는데, 이 과정에서 부산물로 알코올(에탄올)과 이산화탄소(CO_2)가 형성된다. 이산화탄소 기포는 반죽을 섞으며 생기는 작은 구멍을 채운다. 글루텐 망은 탄성이 있어 이산화탄소 기포가 팽창하면서 안정화될 수 있다(160쪽 질문 '글루텐이란 무엇일까?' 참고). 효모가 단당을 충분히 먹어 이산화탄소를 더 배출하면 반죽은 점점 부풀어 오른다.

이 과정 동안 이산화탄소가 반죽 속 물에도 녹아 탄산이 생성된다. 물에 탄산가스를 주입해 탄산수를 만드는 과정과 같다. 반죽을 구우면 탄산이 분해되어 이산화탄소가 생긴다. 그와 동시에 반죽 속 물은 수증기로 바뀐다. 오븐의 열기 속에서도 효모는 마지막까지 먹이를 왕성하게 먹어 치운다. 그러면 반죽이 급격히 부푸는 오븐 스프링이 일어난다. 온도가 더욱 올라가면 효모는 결국 죽고 글루텐 망이 단단해진다.

> "
> 효모는 빵을 부풀게 하는 데 가장 중요한
> 이산화탄소와 알코올을 생성한다.
> "

주방의 한 수 효모는 살아있는 미생물이므로 49℃ 이상의 고온에 노출되면 죽는다. 반대로 온도가 너무 낮으면 활성화되지 않는다. 효모가 살아있는지 확인하려면 43℃ 이하의 미온수에 설탕을 조금 섞어 활성을 유도해보자. 5분 정도 후에 혼합물에서 거품이 나면 효모가 살아있는 것이다. 아무 반응이 없으면 새 효모를 사용하자.

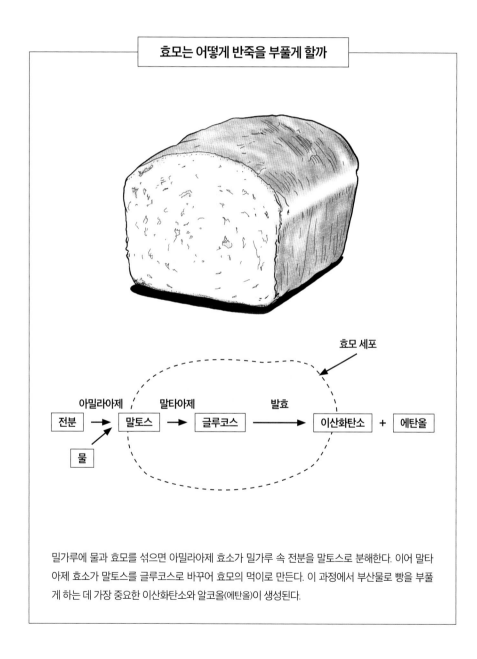

효모는 어떻게 반죽을 부풀게 할까

밀가루에 물과 효모를 섞으면 아밀라제 효소가 밀가루 속 전분을 말토스로 분해한다. 이어 말타아제 효소가 말토스를 글루코스로 바꾸어 효모의 먹이로 만든다. 이 과정에서 부산물로 빵을 부풀게 하는 데 가장 중요한 이산화탄소와 알코올(에탄올)이 생성된다.

빵은 왜 부드럽거나 질길까?

요리의 과학 빵이 부드럽거나 질겨지는 특성은 전적으로 밀가루 속 글루텐 단백질의 함량에 달려있다. 빵이 질긴 이유는 밀가루와 물을 섞을 때 형성되는 탄력 있는 글루텐 망의 특성 때문이다. 빵이 질길수록 글루텐 망이 더 많이 형성되었다고 볼 수 있다. 글루텐 형성 단백질이 많은 밀가루(강력분 등)는 시골빵이나 바게트를 만들 때 이용되고, 중력분(글루텐 형성 단백질 함량이 낮은 밀가루)은 샌드위치 빵처럼 구조는 있지만 껍질과 속살은 부드러운 빵을 만들 때 적합하다. 글루텐 망이 형성되려면 수화 과정이 필요하지만, 산소를 글루텐 망에 넣어 글루텐 형성을 촉진하고 글루테닌과 글리아딘 단백질을 풀어 이웃 단백질과 이황화 결합을 이루게 하려면 강하게 혼합하는 과정도 필요하다.

다른 요인도 글루텐 망 형성에 영향을 준다. 소금을 넣으면 글리아딘과 글루테닌 단백질이 엉겨 더 단단한 망을 이룬다. 반대로 설탕이나 지방은 글루텐 망 형성을 방해한다. 설탕은 물과 결합해 글루텐 형성에 필요한 수분을 빼앗고, 지방은 단백질을 감싸서 단백질이 서로 결합하지 못하게 방해한다. 효모를 넣은 반죽에 설탕이나 지방을 첨가하면 브리오슈나 할라처럼 부드럽고 풍미가 진한 빵을 만들 수 있다.

주방의 한 수 빵이 질겨지는 이유는 밀가루 속 단백질 함량과 소금, 설탕, 지방의 유무에 달려있다. 각 재료의 비율을 바꾸면 빵의 식감을 조절할 수 있다.

무반죽 빵에 숨겨진 과학은 무엇일까?

요리의 과학　뉴욕에 있는 설리번 스트리트 베이커리의 주인인 짐 라히가 개발한 무반죽 빵 no-knead bread 기술은 2006년 마크 비트먼이 『뉴욕타임스』에 소개한 후 일약 유명해졌다. 무반죽 빵은 간단히 말하면 밀가루와 효모, 물, 소금을 그릇에 넣고 섞어서 하룻밤 재운 뒤 고온으로 예열한 무쇠 솥에 굽는 빵이다. 그러면 보통 글루텐 형성에 필요한 것보다 반죽을 훨씬 덜 치대고도 껍질이 바삭한 빵을 만들 수 있다. 대신 무반죽 빵의 단단한 글루텐 망은 수화, 효소, 시간을 이용해 형성된다.

반죽을 섞으면 먼저 글루텐 형성과 발효가 시작된다. 12~18시간 동안 그대로 두어 부풀게 하면 반죽 안에서는 여러 활성 작용이 일어난다. 글루테닌과 글리아딘 단백질이 결합해 글루텐을 형성하고, 프로테아제라는 단백질 가수 분해 효소로 글루텐 가닥이 작은 조각으로 분해되고 재결합하면서 글루텐 망이 단단해진다. 효모 역시 밀가루 속 당을 바쁘게 먹고 부산물로 이산화탄소를 낸다. 이산화탄소 기포는 조금씩 움직이며 반죽을 '미세 치대기' 한다. 무반죽 빵 기술의 핵

> "
>
> 무반죽 빵 기술의 핵심은
> 고온으로 예열한 무쇠 솥에 반죽을 넣고 뚜껑을 닫은 후
> 뜨거운 오븐에 넣어 굽는 것이다.
>
> "

심은 고온으로 예열한 무쇠 솥에 반죽을 넣고 뚜껑을 닫은 후 뜨거운 오븐에 넣어 굽는 것이다. 무쇠는 아주 고온의 열을 잡아둘 수 있다. 예열한 무쇠 솥에 반죽을 넣고 뚜껑을 닫으면 좁은 공간에 수분이 가두어져 습도가 높아지므로, 속살이 먹음직스럽고 가벼우며 껍질은 쫀득한 빵이 구워진다. 습도가 높으면 빵 껍질이 천천히 생기므로, 반죽 속 가스가 가열되면서 더 오랫동안 팽창하며 우리가 좋아하는 구멍 숭숭 난 구조를 가진 시골빵이 만들어진다. 팽창하는 동안 반죽 표면에 있는 전분이 물을 흡수해 젤라틴화되어 파삭파삭하고 쫀득한 껍질로 굳는다.

주방의 한 수 무반죽 빵을 만들어보자! 중력분 3½컵과 인스턴트 효모 ½작은술, 소금 1½작은술, 물 1¾컵을 섞어 반죽한다. 랩으로 싸서 실온에 12~18시간 동안 둔다. 밀가루를 곱게 뿌린 작업대로 반죽을 옮긴다. 반죽이 끈적이지 않을 때까지 여러 번 접는다. 반죽 모양을 둥글게 잡고 이음매는 아래쪽으로 가게 한다. 랩으로 반죽을 다시 싸서 1시간 동안 그대로 둔다. 30분 뒤 큰 무쇠 솥을 오븐에 넣고 230℃로 30분 동안 예열한다. 무쇠 솥을 꺼내 뚜껑을 열고 반죽의 이음매가 위로 가도록 조심스럽게 넣는다(손 조심). 뚜껑을 재빨리 닫고 30분 동안 굽는다. 뚜껑을 열고 빵 위쪽에 먹음직스러운 갈색 껍질이 만들어질 때까지 20~30분 동안 더 굽는다. 솥에서 빵을 조심스럽게 꺼내(집게를 이용한다) 철망 위에 놓고 식힌 후 자른다.

빵은 왜 오래 두면 단단해지고
쿠키나 크래커는 부드러워질까?

요리의 과학　제과제빵에 사용되는 밀가루의 전분은 보통 작고 단단한 입자 속에 들어있다. 밀가루에 물을 더해 수화한 후 반죽하여 구우면 입자가 터지고, 수분을 흡수해 팽창한 전분이 입자 밖으로 나온다.

　빵이나 과자를 오래 두면 외부와 내부의 평형을 이루기 위해 촉촉한 부분에서 건조한 부분으로 수분이 이동한다. 빵의 경우, 빵 속 전분에 든 수분이 건조한 겉껍질로 이동해 외부로 증발한다. 전분의 주요 성분인 물이 빠지면 다당류인 아밀로스와 아밀로펙틴이 원래의 촘촘한 구조로 되돌아가 식감이 단단해지고, 빵 바깥으로 수분을 더 많이 내보내어 결과적으로 빵이 더 단단하게 굳어진다.

　쿠키나 크래커 전분도 비슷한 과정을 거친다. 촉촉한 부분에서 건조한 부분으로 수분이 이동하면서 전분은 단단해진다. 하지만 쿠키에는 설탕이 많고 크래커에는 소금이 많다. 소금과 설탕은 공기 중 물을 잘 흡수해 눅눅해지기 쉽다. 결과적으로 쿠키나 크래커에서는 증발하는 수분보다 흡수되는 수분이 많아 전분이 단단해지는 효과를 상쇄한다. 그래서 쿠키나 크래커는 전체적으로 부드러워진다.

주방의 한 수　오래되어 눅눅해진 쿠키를 빵 조각과 함께 비닐에 넣어두면 되살릴 수 있다. 수분이 쿠키에서 빵으로 천천히 이동하면서 쿠키는 본래의 바삭한 식감을 되찾는다.

빵은 왜 오래 두면 단단해지고 쿠키나 크래커는 부드러워질까

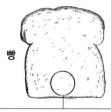

빵

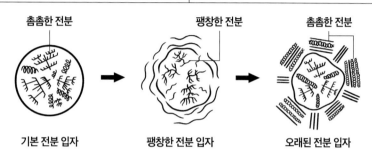

날 밀가루의 전분은 대부분 입자 속에 촘촘하게 들어있다. 빵이나 크래커, 쿠키를 구우면 입자가 반죽 속 물을 흡수해 터지면서 전분 분자가 팽창한다. 빵이 오래되면 전분은 물을 배출한다. 빵 껍질을 통해 수분이 증발하면 전분은 원래의 촘촘한 형태로 돌아가 빵이 단단해진다. 하지만 크래커나 쿠키에는 설탕이나 소금이 더 많이 들어있으므로 물을 끌어들여 반대 효과가 난다. 크래커나 쿠키는 공기 중의 수분을 흡수해 부드러워진다.

크래커

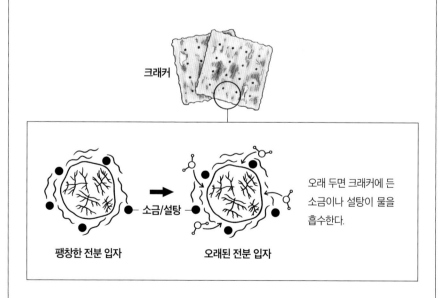

베이킹소다와 베이킹파우더의 차이는 무엇일까?

요리의 과학 중탄산나트륨이라고도 부르는 베이킹소다는 알칼리성으로, 80℃도 이상으로 가열하거나 산과 반응하면 이산화탄소를 배출해 반죽이 부풀게 한다. 가열만 해도 이런 반응을 유도할 수 있지만, 베이킹소다를 버터밀크나 요구르트 같은 산성 재료와 섞으면 팽창이 더욱 활성화된다. 산을 넣으면 베이킹소다의 금속성 맛도 중화된다. 베이킹소다는 반응이 빠르므로, 무거운 반죽을 만들 때 빵 구조가 푹 꺼지지 않도록 이산화탄소 기포를 가두거나 눌러둘 수 있다.

반응이 빠른 베이킹소다보다 조금 더 안정한 대체재가 필요할 때는 베이킹파우더를 사용한다. 베이킹파우더는 중탄산나트륨(베이킹소다)에 황산암모늄이나 명반(황산알루미늄나트륨), 크림 오브 타르타르(주석산), 골회(일인산석회) 등의 고체 산을 섞어 만든다. 베이킹파우더를 반죽에 넣으면 중탄산나트륨이 수화되어 산과 먼저 반응하고 열을 가하면 다시 산과 반응하여 두 단계에 걸쳐 이산화탄소를 배출해 반죽이 가벼워지고 오븐에서 잘 부푼다. 베이킹파우더는 같은 무게의 베이킹소다에 비해 ¼~⅓의 팽창력밖에 갖고 있지 않다. 레시피에서 베이킹소다와 베이킹파우더를 둘 다 사용하는 이유는 팽창력을 높이기 위해서다. 베이킹소다에 열을 가하면 탄산나트륨으로 분해되어 빵을 알칼리화하므로 바람직한 마이야르 반응이 촉진되어 빵이 갈색으로 구워지고 풍미가 깊어진다(30쪽 질문 '음식은 왜 갈색이 될까? 마이야르 반응' 참고).

주방의 한 수 반죽에 산(요구르트, 버터밀크, 레몬즙, 크림 오브 타르타르 등)이 들어있으면 베이킹파우더 대신 베이킹소다를 쓸 수 있다. 베이킹소다는 베이킹파우더보다 팽창력이 3~4배 강하므로 베이킹파우더 대신 베이킹소다를 사용하려면 레시피에 적힌 베이킹파우더 양의 ¼~⅓만 사용해야 한다. 베이킹소다를 너무 많이 넣으면 화학적인 맛이 날 수도 있으니 주의하자.

케이크를 구울 때는 박력분을 사용해야 할까?

대답 레시피에 적힌 대로 따라야 한다.

요리의 과학 박력분은 연질소맥에서 곱게 갈아낸 밀가루로, 글루텐 단백질 함량이 다른 밀가루보다 낮은 7~9%에 불과하다. 반면 강력분의 단백질 함량은 12~15%, 중력분은 10~12%다. 글루텐은 팽창제에서 나온 이산화탄소를 붙잡아 빵을 부풀게 하고 쫀득한 식감을 만들기 때문에, 보통 글루텐이 만들어지는 것은 바람직한 현상이다. 하지만 케이크를 만들 때는 가볍고 부드러운 식감이 목적이므로 글루텐 형성을 최소화해야 한다.

　박력분은 염소로 탈색되므로 촉촉한 케이크를 만드는 데 도움이 된다. 염소 처리를 하면 글루텐 단백질의 수용성이 높아져 반죽의 점도가 높아진다. 염소는 전분을 작은 조각으로 분해하고, 전분 구조에 염소 이온을 더해 물을 더 잘 붙잡고 지방이 잘 결합하게 한다. 그러면 반죽 속 재료가 골고루 분산되어 케이크가 더 촉촉해진다.

주방의 한 수 빵이나 케이크를 제대로 구우려면 적절한 밀가루를 선택해야 한다. 박력분이 없다면 박력분 1컵 대신 탈색 중력분 ¾컵에 옥수수 전분 2큰술을 섞어 반죽 속 전체 단백질량을 줄여 사용할 수 있다.

요리에 사용하는 버터 온도가 중요할까?

대답 그렇다.

요리의 과학 버터는 물, 유단백, 당, 유지방으로 만든다. 유지방은 버터의 주성분으로, 녹는 점이 서로 다른 다양한 지방으로 구성되어 있다. 버터를 냉동고에서 얼리면 얼음 결정과 결정화 지방이 생긴다. 얼린 버터를 실온에 두어도 지방 일부는 녹지만 나머지는 고체인 결정화 상태이 므로 형태를 그대로 유지한다. 버터가 부드러워지면 녹은 지방과 물이 많아 결정화 지방이 서로 미끄러져 들어간다. 부드러워진 버터에 설탕을 섞어 크림화하면 공기가 고체 유지방 구조 안으 로 끼어 들어가 공기주머니를 형성한다. 열을 가하면 이 기포가 팽창하여 솜털처럼 가벼운 빵이 완성된다. 반면 버터가 녹으면 지방이 모두 액화된다. 녹은 버터의 구조는 부드러워진 버터나 얼 린 버터와 다르고 오히려 기름과 비슷하다. 녹은 버터 속으로 공기를 휘핑해 넣어도 구조가 약해 공기를 잡아두지 못한다. 그래서 우리가 사랑하는 밀도 있는 브라우니 같은 빵을 만들 때는 녹인 버터가 최고다.

주방의 한 수 버터를 녹이거나 부드럽게 하거나 얼려서 사용하느냐에 따라 빵의 최종 식감 이 달라진다. 녹은 버터는 빵을 밀도 있고 꾸덕꾸덕하게 만들기 때문에 브라우니나 푸딩 케이크 를 만들 때 적당하다. 부드러운 버터(실온에 둔 버터)에 설탕을 섞어 크림화하면 공기주머니가 형 성되어 속살이 부드럽고 가벼운 케이크를 구울 수 있다. 얼린 버터를 사용하면 빵을 굽는 동안 구 조가 단단히 유지되므로 겹겹이 얇은 파이 껍질이나 크루아상을 만들 수 있다.

케이크 반죽을 섞는 방법이 중요할까?

대답 그렇다.

요리의 과학 맛있고 달콤한 케이크를 구우려면 아주 복잡한 과학과 화학 작용이 필요하다. 부드러운 식감과 속살은 케이크의 가장 중요한 특성이다. 케이크의 식감은 주로 반죽할 때 섞여 들어가는 기포의 영향을 받는다. 버터와 설탕을 섞어 크림화하면 반죽에 기포를 잡아둘 수 있다. 이 기포가 팽창제로 작용해 케이크를 가볍게 만든다. 그러므로 최대한 공기를 많이 넣어주어야 한다. 레시피에는 흔히 버터에 설탕을 넣어 섞을 때 혼합물 색깔이 연해지고 폭신해질 때까지 휘저으라고 지시하는데, 이 상태가 되면 공기가 충분히 섞여 들어갔다고 볼 수 있다.

버터와 설탕이 섞여 크림화되면 달걀을 넣을 차례다. 달걀을 섞으면 단백질이 변성(분해)되어 기포 주변에 얇은 막을 이룬다. 지방이 이 기포를 둘러싸면 안정화되어 잘 터지지 않아, 케이크가 단단해지거나 납작해지지 않는다.

다음은 밀가루 차례다. 밀가루를 넣을 때는 글루텐 형성을 최소화하기 위해 주의해야 한다. 보통 케이크 레시피에서 밀가루를 넣을 때 반죽을 너무 많이 섞지 말라고 경고하는 것은 이 때문이다. 케이크가 구조를 형성하려면 글루텐이 약간은 필요하지만, 글루텐이 너무 많으면 부드럽지 않고 단단한 케이크가 된다. 날 밀가루가 보이지 않을 때까지만 섞어도 충분하다.

주방의 한 수 케이크를 제대로 만들려면 레시피를 정확히 따라야 한다. 특히 반죽을 섞는 단계에서 주의하자.

빵을 구울 때 유리 팬이나 금속 팬을
사용하는 것에 차이가 있을까?

대답 그렇다.

요리의 과학 예열된 오븐에 빵틀이나 파이틀을 넣으면 열이 오븐에서 팬의 옆면과 바닥으로 이동한 다음 반죽으로 전달된다. 열 절연제인 유리는 열 전달률이 좋은 금속보다 가열하거나 식히는 데 시간이 더 걸린다. 때문에 유리 팬을 가열하여 열을 내용물까지 전달하는 데는 시간이 더 걸린다. 하지만 유리 팬에서는 금속 팬보다 열이 더 고르게 분포되므로 빵이 고르게 구워지고 오븐에서 꺼내도 따뜻함이 오래 유지된다. 유리 팬은 달걀과 반응하지 않고 토마토나 감귤류 같은 산성 재료도 투과하지 않는다.

금속 팬은 유리 팬보다 높은 온도를 견디므로 브로일러 그릴에서 사용해도 안전하다(유리 팬은 고온에서 깨질 수 있다). 금속은 유리보다 열을 빠르게 전달하므로 금속 팬에서 음식을 구우면 음식이 속까지 더 빨리 갈변된다. 알루미늄처럼 가벼운 금속으로 만든 팬은 열과 열적외선을 반사하므로(오븐을 가열하는 코일에서 열이 방출되고 오븐 벽에 반사되는 현상도 이와 같은 원리다), 알루미늄 팬을 이용하면 적외선을 흡수하는 어두운색의 금속 팬을 사용할 때보다 갈변이 더 천천히 일어난다. 가벼운 금속 팬은 유리 팬보다 훨씬 빨리 가열되고 음식을 속까지 제대로 갈변시킨다.

주방의 한 수 유리 팬을 사용할 때는 열 전달률 차이를 고려하여 오븐 온도를 14℃ 낮추고 굽는 시간을 10분 늘려야 한다. 유리는 빨리 가열되지는 않지만 한 번 가열되면 열을 계속 보존하므로, 금속 팬과 같은 온도로 맞추면 조리가 끝날 때쯤 갈변이 과하게 일어날 수 있다. 단시간 구우면서도 갈변을 촉진하려면 어두운색의 금속 팬을 사용하자.

Q

케이크를 구울 때
오븐에 놓는 위치도 중요할까?

대답 그렇다.

요리의 과학 오븐은 기본적으로 절연된 금속 상자로, 위쪽과 아래쪽에 열을 내는 부품이 하나씩 있다. 오븐을 예열하면 발열체가 켜지고 오븐 온도가 올라간다. 오븐 온도가 원하는 온도에 이르면 온도조절장치가 온도를 인식해 발열체의 전기를 차단한다. 열을 오븐 벽으로 방출하면서 오븐이 조금씩 식으면 온도조절장치가 아래쪽 발열체를 다시 켜서 원하는 온도까지 오븐 온도를 올린다. 온도조절장치는 대부분 아래쪽 발열체 부근에 설치되어 있으므로 오븐 하단 온도가 더 세밀하게 조절된다. 문제는 온도가 올라가면 오븐 상단은 설정한 온도보다 더 뜨거워질 수 있다는 점이다. 불균형한 온도 분포 때문에 상단에 놓은 음식은 하단에 놓은 음식보다 더 빨리 익고 전체적으로 갈변도 더 많이 된다. 반면 하단에 음식을 놓으면 아래쪽 발열체에서 나오는 복사열 때문에 음식 바닥이 더 빨리 갈변된다. 하지만 컨벡션 오븐은 뜨거운 공기를 오븐 내부에서 순환시켜 열을 재분배하므로 음식을 고르게 익힐 수 있다.

주방의 한 수 컨벡션 오븐 없이 동시에 여러 팬을 사용해야 한다면, 조리 도중 팬의 위치를 한두 번 바꿔서 골고루 익게 하자. 음식을 골고루 익히려면 중간 단에 놓는 것이 가장 좋다. 갈변을 촉진하려면 오븐 상단이나 하단에 놓자.

오븐에서 빵을 구우면 왜 부풀어 오를까?

요리의 과학 빵이 부풀려면 효모나 베이킹파우더, 베이킹소다 같은 팽창제와 수분이 필요하다. 가열하면 베이킹소다나 베이킹파우더가 분해되면서 이산화탄소를 방출해 반죽 속에 기포가 생긴다. 끓는점에 도달하면 반죽 속 물이 수증기로 바뀌고 이산화탄소 기포가 팽창하면서 케이크나 빵, 쿠키가 부풀어 오른다. 반죽 속 전분은 젤라틴화되어 기포 주위에 굳어져 케이크나 빵의 속살을 형성한다.

발효빵을 오븐에서 구울 때도 부푸는 방식은 거의 비슷하다. 효모를 넣은 빵을 굽기 시작한 지 10~20분이 지나면 수증기가 팽창하고 효모 활성이 절정에 이르는 오븐 스프링이 일어나 반죽이 급격하게 부풀다가, 높은 온도 때문에 효모가 죽고 껍질이 단단해지면 더는 부풀지 못한다.

퍼프 페이스트리 같은 빵이 부푸는 것은 전적으로 수분 덕분이다. 반죽 속 물이 수증기로 바뀌어 증발하면서 페이스트리 층을 겹겹이 밀어내어 버터 향 가득하고 가벼우면서 바삭한 식감의 페이스트리가 완성된다.

주방의 한 수 반죽 속 수분, 효모, 베이킹소다의 비율을 조절하면 케이크나 빵 등의 부풀기를 조절할 수 있다. 하지만 반죽이 적당히 단단해지지 않은 상태에서 효모나 베이킹소다를 너무 많이 넣으면 빵이 주저앉을 수도 있다는 점에 주의하자!

쿠키는 왜 쫀득하거나 바삭해질까?

요리의 과학 쿠키의 식감은 재료, 특히 밀가루, 지방, 당, 달걀(사용하는 경우)의 종류에 따라 달라진다. 쫀득한 쿠키를 원한다면 박력분, 식물성 쇼트닝, 황설탕, 달걀을 사용하자. 박력분은 단백질 함량이 낮아 마이야르 반응이 적게 일어난다. 쇼트닝은 녹는점이 높아 반죽이 뻑뻑하게 유지되고 굽는 동안 덜 퍼진다. 황설탕은 수분을 포함하고 있어 가열해도 쿠키가 촉촉하게 유지된다. 꿀이나 콘 시럽을 감미료로 사용해도 수분이 유지되어 쿠키가 부드러워진다. 달걀에도 수분이 들어있고, 굽는 동안 반죽을 결합하고 응고시켜 결과적으로 쿠키가 부드럽고 쫀득해진다. 바삭한 쿠키를 구우려면 단백질 함량이 높은 밀가루, 기름 또는 버터, 그래뉼러당을 쓰고 달걀은 넣지 않는다. 단백질 함량이 높으면 마이야르 반응을 도와(30쪽 질문 '음식은 왜 갈색이 될까? 마이야르 반응' 참고) 갈변이 촉진된다. 그래뉼러당은 황설탕보다 수분이 적어 반죽이 건조하고 바삭해진다. 달걀을 빼고 기름이나 버터를 사용하면 굽는 동안 쿠키 반죽이 잘 퍼지면서 바삭해진다(버터는 쇼트닝보다 녹는점이 낮기 때문이다).

주방의 한 수 쿠키가 구워지는 화학 작용을 이해하면 레시피에 좋아하는 재료를 더해 언제든 완벽한 식감의 쿠키를 구울 수 있다. 바삭한 쿠키를 구우려면 강력분이나 중력분, 기름이나 버터, 그래뉼러당을 사용한다. 부드럽고 촉촉한 쿠키를 원한다면 박력분, 쇼트닝, 콘 시럽, 꿀, 황설탕을 넣는다.

바삭하고 얇은 파이 껍질의 비밀은 무엇일까?

요리의 과학　파이 껍질을 이루는 기초는 밀가루, 지방, 물이다. 버터나 라드, 식물성 쇼트닝 등 모든 지방은 밀가루와 섞이면 보슬보슬해지고 지방이 콩알만 한 크기로 깨진다. 이런 과정을 거쳐 글루텐 형성 단백질인 글리아딘과 글루테닌이 지방으로 둘러싸이면 반죽에 물을 첨가해도 글루텐이 형성되지 않는다. 글루텐이 너무 많이 형성되면 바삭하지 않고 단단한 파이 껍질이 만들어진다. 밀가루-지방 혼합물에 물을 첨가할 때는 최소한으로 반죽하고(글루텐 형성이 최소화된다), 재료가 합쳐질 정도만 섞은 다음 밀대로 밀어 파이 팬에 옮겨 담자.

　반죽을 파이 팬에 채운 다음에는 굽기 전까지 냉장고나 냉동고에서 완전히 식혀야 한다. 오븐에 넣기 전까지 반죽 안의 지방은 굳은 상태를 유지해야 한다. 파이를 굽기 전에 오븐이 충분히 예열되어야 한다는 점도 중요하다. 뜨거운 오븐에 반죽을 넣으면 반죽 속 물이 수증기로 재빨리 증발하여 반죽을 밀어내어 바삭하고 얇은 껍질로 겹겹이 분리한다. 지방이 아주 차갑지 않거나 오븐이 제대로 예열되어 있지 않으면 지방이 정해진 시간 전에 녹아 반죽에 스며들어 껍질이 눅눅해진다.

주방의 한 수　바삭하고 얇은 파이 껍질을 만드는 비법은 물 대신 보드카를 약간 넣는 것이다. 알코올은 글루텐 형성을 늦추고 껍질의 식감을 더욱 부드럽게 만든다. 보드카는 빨리 증발하므로 이상한 향이 남지도 않는다.

Q

설탕은 종류별로 차이가 있을까?

대답 어느 정도 그렇다.

요리의 과학 테이블 슈거는 작은 단당 분자인 글루코스와 프럭토스로 이루어진 수크로스라는 당 분자로, 보통 일반 설탕이라고 불린다. 전 세계에서 쓰이는 테이블 슈거는 대부분 사탕수수나 사탕무에서 추출된다. 과립이나 결정형 당을 만들려면 먼저 당이 풍부한 작물을 썰거나 으깬 후 물에 담가 당을 녹인 뒤 짜서 설탕 시럽을 추출한다. 이 설탕 시럽을 끓여 당을 고농도로 농축한 다음 식히면 결정이 생긴다. 원심분리하여 원 결정당을 액체에서 분리한다. 원당을 조심스럽게 녹여 활성탄으로 여과해 불순물이나 색이 좋지 않은 물질을 제거한 다음 한 번 더 재결정화하면 그래뉼러당이라는 순수 결정당을 얻을 수 있다.

설탕은 보통 흰색이지만 끓이면 원 시럽에 든 불순물과 설탕이 캐러멜화되고 분해되어 어두운색의 액체가 되고 결국 당밀이 된다. 당밀에도 당이 75% 들어있지만, 경제성이 떨어져 더 결정화하지는 않는다. 보통 정백당에 당밀을 첨가해 갈색을 내어 만드는 황설탕과 원당도 당밀을 어느 정도 포함하고 있다.

주방의 한 수 황설탕이나 원당에는 정제 과정 중 남은 당밀이 포함되어 있거나 정백당에 당밀을 첨가하여 만들기 때문에 당밀의 약한 캐러멜 풍미가 난다.

꿀은 왜 결정화될까?

요리의 과학　벌은 식물의 꽃꿀을 모아 꿀을 만든다. 꽃꿀은 글루코스, 프럭토스 등의 단당과 수크로스를 평균 23% 포함하고 있어 달콤하다. 벌이 꽃꿀을 먹으면 침샘 효소가 분비되어 수크로스 분자 1개를 글루코스 분자 1개와 프럭토스 분자 1개로 분해하기 때문에 전체 당 농도가 올라간다. 일부 소화된 꽃꿀을 벌집에서 뱉어내면 다른 벌들이 다시 이 꽃꿀을 먹어 소화하고 뱉어내는 과정을 반복하며 꽃꿀을 부분적으로 소화한다. 이 과정을 거치며 꽃꿀에 기포가 형성되어 표면적이 넓어지면서 수분 일부가 증발한다. 부분적으로 소화된 꽃꿀은 벌집으로 옮겨져 보관되는데, 벌집의 열기와 벌들이 날개를 펄럭이며 일으키는 열 때문에 물이 더욱 증발하면서 벌집 속 공기가 재순환된다. 수분이 증발하면서 꽃꿀의 당 함량이 계속 증가해 75%에 이르면 꿀이 만들어진다. 꿀은 글루코스와 프럭토스 75%, 물 20%로 이루어져 있고 나머지는 산과 효소다. 꿀에는 보통 실온에서 포함될 수 있는 당 농도보다 훨씬 고농도로 당이 농축되어 있다. 보통 물에 녹을 수 있는 글루코스 농도는 최고 48%다. 반면 프럭토스는 물에 아주 잘 녹으므로 80%까지 녹을 수 있다. 따라서 꿀의 글루코스 농도가 48%보다 높으면 글루코스 분자가 용액에서 침전되어 나와 결정화된다.

주방의 한 수　꿀이 결정화되어도 전혀 문제가 없다. 뜨거운 물에 중탕하거나 전자레인지에서 30초 이내로 가온하면 당이 다시 녹는다.

피넛브리틀은 왜 잘 부서질까?

요리의 과학 톡 부서지는 바삭한 식감을 가진 피넛브리틀은 계속 손이 가는 간식이다. 파삭 부서지는 맛있는 식감을 만드는 비밀 재료는 설탕이나 버터가 아니다. 바로 베이킹소다다. 피넛브리틀을 만들려면 먼저 물에 그래뉼러당(수크로스)과 콘 시럽을 넣어 '하드 크랙' 단계라 부르는 150℃가 될 때까지 끓인다. 이 단계가 되면 물이 거의 다 증발하여 액체가 당으로 고농축된다. 콘 시럽을 넣지 않으면 이 단계에서 액체가 아주 불안정해져 쉽게 결정화된다(과립 같은 질감이 된다). 상업용 콘 시럽에는 산이 들어있어 수크로스가 물과 반응해 글루코스와 프럭토스로 분해되도록 돕는다. 이 분해 과정은 매우 중요한데, 프럭토스는 수크로스보다 물에 훨씬 잘 녹기 때문이다. 또 수크로스, 글루코스, 프럭토스 3가지 당 성분이 모두 있어야 액체가 농축될 때 어느 하나의 당이 많아지지 않아 결정이 생기지 않는다. 각각의 당 분자들이 서로 계속 부딪쳐 결정 구조가 깨지기 때문에 당 혼합물이 결정화되지 않는다.

설탕 시럽을 찬물에 몇 방울 떨어뜨려 실험해보자. 시럽이 단단하고 부서지는 가닥 형태로 분

> **파삭 부서지는 맛있는 식감을 만드는
> 비밀 재료는 설탕이나 버터가 아니다.
> 바로 베이킹소다다.**

리된다. 반면 하드 크랙 단계까지 열을 가한 당은 식어서 단단해져도 비결정 형태로 부드러운 식감을 낸다.

    피넛브리틀을 완성하려면 불을 끄고 설탕 시럽에 땅콩, 버터, 베이킹소다를 넣고 섞는다. 고온 때문에 베이킹소다가 이산화탄소 기체와 탄산나트륨으로 재빨리 분해된다. 식은 시럽 속에 이산화탄소가 공기주머니를 만들어 피넛브리틀 고유의 툭 부서지는 식감을 만든다. 버터와 땅콩의 단백질은 당과 반응하여 마이야르 풍미 성분을 만드는데, 베이킹소다를 넣으면 이 과정이 촉진되어 갈변이 증가하고 피넛브리틀의 캐러멜 풍미와 색깔이 만들어진다.

주방의 한 수 하드 크랙 단계가 되지 않아 피넛브리틀이 바삭하지 않고 쫀득하다면 151℃로 혼합물을 가열하여 수분을 더 날리자. 공기 중 습도 때문에 당이 하드 크랙 단계에 이르는 온도가 달라지기도 한다.

초콜릿 템퍼링은 무슨 의미일까?

요리의 과학 템퍼링은 (초콜릿이나 철에) 천천히 열을 가해 재료 속 분자를 재배열하여 재료의 특성이 향상되고 강화되는 현상을 말한다. 템퍼링하지 않은 초콜릿 속 코코아버터는 크기가 다양한 결정 지방의 혼합물이다. 템퍼링하면 코코아버터 때문에 단단하고 광택 있는 초콜릿이 만들어진다. 초콜릿을 템퍼링하려면 먼저 43~49℃로 가온하여 코코아버터 결정을 액화한다. 녹은 초콜릿을 천천히 28℃까지 식히면 코코아버터가 5형 베타 결정이라는 특별한 결정을 형성한다. 이 안정한 지방 결정 덕분에 제대로 템퍼링한 초콜릿은 아름다운 광택과 툭 부러지는 질감을 갖게 된다.

녹인 초콜릿에 템퍼링한 초콜릿을 곱게 다져 넣어 '시딩^seeding(접종)'하면 템퍼링이 더 잘 일어난다. 템퍼링한 초콜릿에 든 5형 베타 결정이 결정핵 역할을 해서 주변에 새로운 5형 베타 결정이 잘 형성되고 자란다.

주방의 한 수 품질 좋은 초콜릿 딥이나 코팅용 초콜릿, 몰드 초콜릿을 집에서 만들 때는 템퍼링에만 주의하면 된다. 초콜릿을 템퍼링하려면 먼저 초콜릿을 다지거나 갈아서 ⅔를 끓는 물에 중탕한다. 43~49℃로 조심스럽게 가온(온도를 재려면 당과용 온도계를 사용하자)하면서 부드러워질 때까지 젓는다. 중탕하던 팬을 꺼내 초콜릿을 35~38℃까지 식힌 다음 남은 초콜릿을 넣고 온도가 28℃까지 떨어질 때까지 섞는다. 다시 팬을 31℃로 중탕한 다음 틀에 부어 몰드 초콜릿을 만들거나 딥 또는 코팅용으로 사용한다.

초콜릿과 커피의 풍미는 왜 잘 어울릴까?

요리의 과학 테오브로마 카카오라는 카카오나무에서 완전히 익은 꼬투리를 수확하여 콩을 빼내 일주일간 발효시킨 뒤 흐물흐물한 과육을 제거하면 초콜릿 콩을 얻을 수 있다. 이렇게 얻은 초콜릿 콩을 세척하고 말려 볶는다. 커피 가공도 이와 비슷하다. 코페아 아라비카라는 나무의 열매인 커피 체리를 따서 하루 이틀 발효한 후 펄프를 제거한다. 펄프를 벗기고 몇 주간 말린 뒤 세척하고 볶는다.

커피와 초콜릿은 둘 다 발효와 볶기라는 단계를 거치므로 풍미 특성이 비슷하다. 미생물이 과육 펄프를 소화해 풍미와 향을 내는 전구체인 전분, 당, 아미노산(류신, 트레오닌, 페닐알라닌, 세린, 글루타민, 티로신)을 만든다. 커피나 초콜릿 콩을 140℃ 이상에서 볶으면 당이 아미노산과 반응해 마이야르 갈변을 일으켜 피라진과 알데하이드로 이루어진 복합적인 풍미 화합물을 만드는데, 이 화합물은 우리가 초콜릿과 커피라고 인지하는 풍미를 내는 주요 성분이다. 초콜릿케이크 반죽에 커피를 넣거나, 커피와 초콜릿을 다른 디저트에 함께 넣으면 비슷한 풍미 화합물이 조화를 이루어 풍미가 깊어진다.

주방의 한 수 케이크나 쿠키를 만들 때 더 복합적인 초콜릿 풍미를 내고 싶다면 레시피에 쓰여 있는 액체 2~4큰술 대신 진한 콜드브루 커피를 사용해보자.

제 7 장

식품 안전과 보관

음식을 먹어도 안전한지 걱정될 때가 있다. 식탁에 올린 칠레산 생선구이나 중국산 마늘이 질병을 유발하지는 않을지 걱정되거나, 식품 오염을 방지할 어떤 법 규정이 적용되었는지 알고 싶기도 하다. 식재료를 사 오거나 식사를 준비할 때 어떻게 해야 식품을 안전하게 보관할 수 있는지 궁금할 때도 있다. 식품을 제대로 다루고 보관하면 곰팡이나 효모, 세균이 자라지 못하게 막거나 번식을 늦출 수 있고, 이런 과정에 숨겨진 화학 작용을 알면 요리의 세계를 더 안전하고 건강하게 탐험할 수 있다.

뜨거운 음식은 바로 냉장고에 넣어야 할까, 아니면 식힌 뒤 넣어야 할까?

요리의 과학   보통 뜨거운 음식은 충분히 식힌 후 냉장고에 넣어야 한다고 생각한다. 온기가 있는 음식을 그대로 냉장고에 넣으면 냉장고 내부 온도가 올라가 다른 음식에 세균이 자랄 수 있는 위험이 있다고 여기기 때문이다. 하지만 요즘 냉장고는 온도조절장치가 내장되어 있어 온도 변화를 감지해 뜨거운 음식에서 유입된 열을 재빨리 조절할 수 있다. 또 냉장고 안에 공기 순환이 일어나므로 뜨거운 음식이 주변 다른 음식에 영향을 줄 가능성도 적다. 반대로 5~60℃ 범위에서는 세균이 빠르게 증식하고 실온에서는 세균 개체 수가 20분마다 2배로 늘어나므로, 뜨거운 음식을 식히려고 실온에 두면 단 몇 시간 만에도 세균 수가 크게 증가한다.

주방의 한 수   뜨거운 음식을 다 만들면 즉시 냉장고에 넣어야 혹시 모를 세균 증식을 막을 수 있다. 더 빨리 식히려면 작은 용기에 나누어 담자.

생우유를 그대로 마셔도 될까?

대답 아니다.

요리의 과학 생우유에는 황색포도상구균, 대장균, 리스테리아균, 살모넬라균 등의 세균이 들어있어 먹으면 병에 걸릴 수 있다. 생우유를 72℃ 이상으로 15초간 열을 가해 멸균하면 병원성 세균이 최소 99.9% 사멸해 마셔도 안전하고 냉장 유통기한도 2주까지 늘어난다. 저장 안정성 우유는 생우유를 135℃ 이상에서 2~5초간 가열하는 초고온멸균법으로 멸균한 우유로, 냉장하지 않아도 6~9개월간 보관할 수 있다(좋은 방법이기는 하지만 초고온 멸균하면 마이야르 갈변이 일어나 우유의 맛과 향이 달라진다는 점에 주목해야 한다). 연구 결과에 따르면 멸균 우유와 생우유의 영양은 거의 차이가 없다. 오히려 생우유를 마시면 세균에 감염될 수도 있고, 정기적으로 마시면 감염 위험이 더 커진다.

주방의 한 수 멸균 우유와 생우유의 영양은 거의 차이가 없고, 오히려 생우유를 마시면 세균을 함께 먹게 될 위험이 더 크다. 모차렐라, 브리, 퀘소프레스코 치즈 같은 연성 또는 연성 숙성 비멸균 치즈도 마찬가지다. 반면 60일 이상 숙성한 비멸균 치즈는 염분과 산, 곰팡이 함량이 높아 병원성 세균이 자라기 적합하지 않은 환경이 조성되므로 먹어도 안전하다.

날달걀은 먹어도 안전할까?

대답 때에 따라 다르다.

요리의 과학 날달걀에는 보통 살모넬라균이 들어있다. 살모넬라에 감염된 닭에서 달걀 껍데기가 채 형성되기 전에 달걀 안쪽으로 살모넬라균이 전달되기 때문이다. 닭똥이 달걀 껍데기에 묻어 감염될 수도 있다. 물론 모든 날달걀에 살모넬라균이 있는 것은 아니지만, 어떤 달걀이 살모넬라균에 감염되었는지 확인할 수가 없다. 하지만 멸균한 날달걀에는 살아있는 살모넬라균이 훨씬 적으므로 먹어도 안전하다. 달걀이 깨지거나 흠이 생기거나 오염물이 묻으면 살모넬라균에 쉽게 감염된다. 살모넬라균에 감염된 달걀은 어린이나 노인, 면역 체계가 약한 이들에게 특히 위험하다.

주방의 한 수 마요네즈나 스테이크 타르타르를 만들 때처럼 날달걀을 사용하거나, 홀렌다이즈소스를 만들 때처럼 살모넬라균이 죽는 온도인 71℃ 이하에서 조리할 때는 멸균 달걀을 사용해야 살모넬라균에 노출될 위험을 가능한 한 줄일 수 있다. 달걀을 사용하기 전에 달걀 표면을 씻어도 살모넬라균이 없어지지는 않는다는 사실도 기억하자.

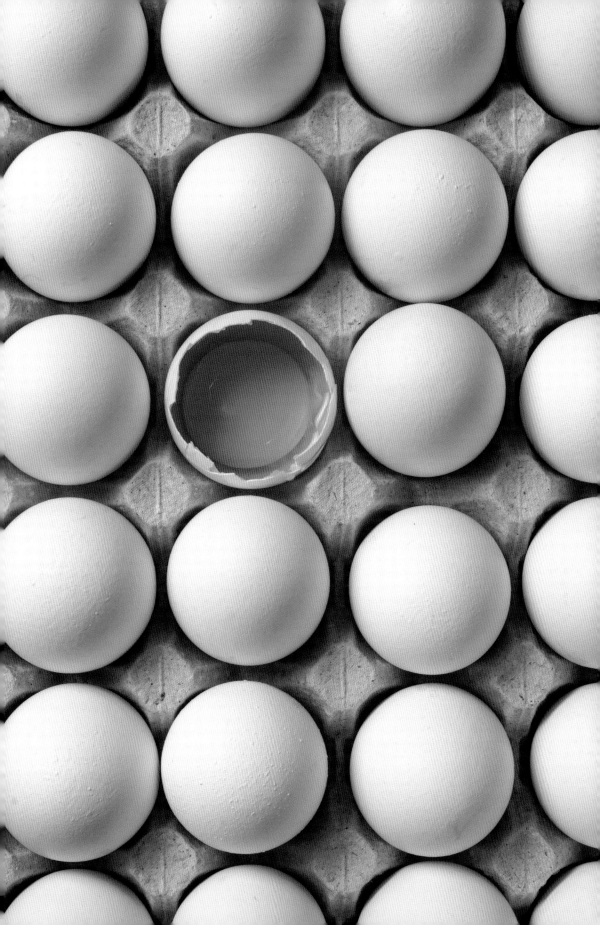

달걀이 상했는지 모를 수도 있을까?

대답　아니다. 상했다면 바로 알 수 있다.

요리의 과학　달걀이 오래되면 껍데기에 기공이 많이 생겨 달걀 안쪽의 수분이 껍데기를 통해 증발한다. 시간이 지나면서 달걀 안쪽에 공기주머니가 생긴다. 노른자가 흰자에서 수분을 흡수해 부풀고 점차 깨지기 쉬운 형태가 된다. 흰자 속 단백질은 공기주머니에서 산소를 흡수해 변성되어 점성을 잃게 되므로 휘핑해도 머랭이 잘 형성되지 않는다. 달걀이 오래되면 부패 미생물이 달걀 속에서 자라기 시작해 흰자가 분홍이나 무지갯빛을 띤다. 일반적으로 세척한 상업용 달걀은 냉장고에서 5주까지 보관할 수 있다. 세척하지 않은 갓 낳은 달걀은 껍질이 큐티클이라는 얇은 분비물로 코팅되어 있어 외부 세균이 침입하기 어려우므로 상온에서 3주, 냉장에서 3개월까지 보관할 수 있다.

> 달걀이 신선한지 알고 싶다면 물에 담가보자.
> 달걀이 상하면 수분을 잃고
> 껍데기 안쪽에 공기주머니가 생겨
> 물에 뜨게 된다.

오래된 달걀 구분법

달걀이 상하면 수분을 잃고 껍데기 안쪽에 공기주머니가 생긴다. 공기를 많이 함유해 물에 뜨는 달걀은 오래된 것이므로 휘핑용으로 사용하기 어렵다.

주방의 한 수 달걀이 상했는지 여부를 판단할 때는 코가 가장 정확하다. 냄새가 이상하면 상한 것이다. 휘핑용으로 흰자만 필요할 때처럼 달걀을 분리해서 사용할 때 달걀이 신선한지 알고 싶다면, 달걀을 깨기 전에 물에 담가보자. 달걀이 떠오르면 큰 공기주머니가 형성되었다는 뜻이므로 흰자가 오래되어 휘핑이 잘 되지 않을 수 있다.

익히지 않은 쿠키 반죽을 먹어도 될까?

대답 아니다.

요리의 과학 쿠키 반죽을 집에서 만들거나 슈퍼마켓에서 사 오면 한 숟가락 푹 떠먹어보고 싶은 충동이 들지만, 그러면 안 된다! 홈메이드 쿠키 반죽에 든 날달걀에는 살모넬라균이 들어있을 수도 있다. 상업용 쿠키 반죽은 가열해서 살모넬라균을 죽인 달걀 분말을 사용하기 때문에 감염 위험이 적지만, 상업용이든 홈메이드든 쿠키 반죽에 든 날 밀가루에는 열에 강한 살모넬라균, 대장균 외에도 다른 세균이 자랄 수 있다.

주방의 한 수 슈퍼마켓에서 파는 쿠키 반죽이 들어간 아이스크림의 반죽은 따로 열처리를 해서 안전하지만, 그냥 쿠키 반죽이나 홈메이드 쿠키 반죽은 먹으면 위험하다. 홈메이드 쿠키 반죽은 먹기 전에 반드시 구워야 한다.

Q

닭고기나 칠면조 고기는 조리 전에 씻어야 할까?

대답 아니다.

요리의 과학 가금류의 표면에는 질병을 일으키는 캄필로박터나 살모넬라균이 자랄 수 있다. 때문에 가금류를 씻으면 싱크대 주변으로 물이 튀어 다른 음식이 교차 감염될 수도 있고, 나중에 싱크대를 꼼꼼하게 씻어내지 않으면 세균이 계속 남아 자랄 수도 있다. 닭고기나 칠면조 고기를 소금물에 절이면 표면에 붙은 병원균의 증식을 늦출 수 있다고 알려져 있지만, 소금물을 헹궈내면 병원균 수가 다시 늘어날 수도 있다.

주방의 한 수 닭고기와 칠면조 고기는 포장에서 꺼내 도마나 냄비, 팬으로 바로 옮기자. 물로 씻으면 세균에 오염될 위험이 커진다.

덜 익은 돼지고기를 먹어도 될까?

대답 아니다.

요리의 과학 돼지는 선모충에 감염될 수 있다. 회충 유충이 든 고기 음식물 쓰레기를 사료로 먹은 돼지는 선모충에 감염된다. 새끼 돼지는 감염되어도 특별한 증상을 보이지 않아 감염 여부를 확인하기 어렵다. 소시지처럼 즉시 먹을 수 있는 돼지고기 제품을 생산하는 식품제조업자는 법적으로 제품을 58℃에서 가열해 선모충을 사멸해야 한다.

미국에서는 음식물 쓰레기를 돼지 사료로 쓰는 일이 줄어들고 있지만, 여전히 일부 돼지 사육자들은 비용이 적게 드는 이 방법을 사용한다. 미연방 규정에서는 선모충병 같은 질병이 퍼지지 않도록 음식물 찌꺼기를 가열해서 사용하도록 정한다. 선모충병이 인간에게 감염되는 경우는 극히 드물고(미국에서 연간 발병 사례는 20건 정도다) 치사율도 낮지만, 되도록 피하고 싶은 질병임은 분명하다.

주방의 한 수 돼지고기를 60℃에서 가열하면 기생충이 모두 죽지만, 미국 농무부는 더욱 엄격한 기준을 적용하여 돼지고기 내부 온도가 63℃가 되도록 조리하라고 권장한다.

그을린 고기는 건강에 나쁠까?

대답 그럴 수 있다.

요리의 과학 직화로 구워 먹음직스럽게 그을린 고기 껍질은 누구나 좋아한다. 하지만 연구 결과에 따르면 그을린 고기에는 암을 유발할 수 있는 2가지 화합물이 들어있다. 헤테로 고리 아민류heterocyclic amine, HCA와 다환 방향족 탄화수소polycyclic aromatic hydrocarbons, PAH다. 그을음이 일어나는 온도가 되면 아미노산과 당이 반응하여 HCA가 생기는데, 이 온도는 마이야르 반응이 일어나는 온도보다 훨씬 높다. 고기를 튀기거나 그릴에서 구울 때 도달하는 온도다. 지방과 육즙이 뜨거운 표면으로 녹아 떨어져 불이 붙고 연기가 나면 PAH가 생긴다. 실제로 HCA와 PAH는 고기를 바비큐하거나 오븐이나 그릴에서 굽거나 고온에서 익힐 때만 아주 많이 생긴다.

암 연구자들은 설치류에서 HCA와 PAH가 암을 유발하는지 밝히는 실험을 진행했는데, 실제로 여러 장기에서 암과 종양이 발생했다. 하지만 이 연구에서 설치류에게 먹인 HCA와 PAH의 양은 사람이 보통 섭취하는 양의 수천 배 이상이었다.

주방의 한 수 그릴에 굽거나 바비큐한 고기에서 그을린 부분을 떼어내면 HCA와 PAH를 불필요하게 섭취하는 위험을 줄일 수 있다. 고기를 굽기 전 과한 지방을 잘라내면 지방이 녹아 떨어져 불이 붙으면서 PAH가 생성되는 현상을 줄일 수 있다.

스테이크는 웰던으로 익혀야 안전할까?

대답 아니다.

요리의 과학 고기 내부 온도가 71℃ 이상 되도록 가열하면 스테이크가 웰던으로 익는다. 이 온도에서는 고기 표면은 물론 내부에 있는 세균까지 모두 죽는다. 하지만 웰던으로 익히면 육즙과 풍미, 부드러움이 줄어든다. 스테이크를 꼭 이 온도까지 익혀야 할까?

답을 알아보기 위해 먼저 소고기가 어떻게 생산되는지 살펴보자. 소고기에서 가장 문제가 되는 세균은 대장균으로, 대부분 소의 장에서 발견된다. 소를 도축하여 가공하는 과정에서 장에 있던 세균 일부가 자른 고기 표면에 묻을 수 있지만, 실제로 고기 안까지 들어가지는 못한다. 그래서 고기를 시어링하면 고기 내부 온도가 54℃밖에 되지 않아도 고기 표면에 묻은 세균은 높은 시어링 온도에서 모두 죽기 때문에 먹어도 안전하다(대장균은 71℃에서 사멸한다). 하지만 큐브 스테이크처럼 고기를 물리적으로 부드럽게 만들기 위해 날카로운 칼이나 바늘로 뚫을 때는 세균이 묻은 고기 표면의 육즙이 내부를 오염시킬 수 있으므로 문제가 된다. 갈아서 판매하는 소고기도 오염된 표면이 내부와 섞여 대장균에 오염될 위험이 있다. 게다가 고기 분쇄기는 세척이 무척 까다로워서 사용법을 지켜 꼼꼼히 세척하고 위생적으로 관리해도 대장균이 서식할 위험이 여전히 남아있다. 하지만 표면을 모두 시어링한 고기 내부로는 세균이 침투할 수 없으므로 오염될 위험이 없다.

주방의 한 수 고기를 웰던으로 완전히 익혀야 하는 경우는 고기 표면을 물리적으로 뚫어 부드럽게 만든 경우뿐이다. 고기 내부는 의외로 멸균 상태를 잘 유지하므로 표면만 71℃ 이상으로 시어링하면 더는 세균에 감염될 위험이 없다.

농작물에서 왜 대장균이 발견될까?

요리의 과학　대장균은 동물이나 사람의 위장관에서 흔히 발견되는 박테리아다. 대장균은 보통 위험하지 않지만 인간에게 감염되는 해로운 종류도 있는데, 그중 가장 흔한 종은 O157:H7 대장균이다.

농작물이 어떻게 대장균에 오염될까? 공중보건 연구로 여러 원인을 추적해보니 소나 돼지 같은 가축의 변이 관개용수로 흘러들어 농작물에서 발견되었다. 제대로 만들지 않은 퇴비 비료에 동물의 변이 섞여 들어가기도 했다.

연구자들은 야생 돼지나 사슴, 새 같은 야생 동물이 농장을 돌아다니며 농작물을 뜯어먹고 주변에 변을 남겨놓아 농작물이 오염될 수도 있다고 주장한다.

주방의 한 수　식재료끼리 교차 감염이 일어나지 않게 하려면 종류가 다른 농작물이나 고기를 다루기 전에 항상 비누로 손을 씻어야 한다(세균을 죽일 수 있다). 잎채소와 날고기를 교대로 사용할 때는 꼭 도마를 세제로 씻어야 한다(아니면 농작물용 도마와 고기용 도마를 따로 쓰자). 대장균이나 살모넬라 같은 세균은 식품 표면에 강하게 달라붙어 물만으로는 씻겨나가지 않으므로, 이 세균을 없애려면 꼭 익혀야 한다.

버섯에 묻은 오염물을 섭취하면 병에 걸릴까?

대답 아니다.

요리의 과학 버섯은 곰팡이의 자실체로, 실 같은 땅속 곰팡이 조직인 균사체가 이룬 거대한 망이다. 상업용 버섯 재배 방법은 보통 2가지다. 전통적인 방법은 실외에서 통나무에 버섯을 재배하는 방법으로, 통나무에 구멍을 뚫고 균사체를 넣어 키운다. 곰팡이가 자연히 자라 버섯이 생기기도 하고, 통나무를 찬물에 담가 수분을 공급해주면 버섯이 자란다. 이런 노동집약적인 방법을 이용하면 오염되지 않은 품질 좋은 버섯을 얻을 수 있지만 수확이 일정하지 않으므로, 주로 부가가치 높은 약용이나 고급 식용 버섯을 재배할 때 이 전통적 방법을 이용한다.

실내에서 상업적으로 버섯을 재배하는 방법도 있다. 톱밥, 곡물, 지푸라기, 퇴비 또는 옥수숫대를 섞어 만든 특수한 기질을 상자나 유리 용기에 넣고 멸균해 미생물 오염을 제거한다. 기질에 곰팡이 균사체를 접종하고 세심하게 조절된 환경에서 버섯을 재배한다. 슈퍼마켓에서 파는 버섯 대부분은 이렇게 생산되고, 버섯 위에 붙은 먼지는 멸균된 기질이다.

주방의 한 수 마른 키친타월이나 버섯 전용 솔로 버섯을 하나하나 닦으려면 시간이 오래 걸린다. 물로 씻어도 버섯이 흡수하는 물은 아주 적다는 보고도 있으므로, 버섯을 찬물로 씻어 채소건조기에서 말려도 괜찮다.

발효하거나 절인 채소는 왜 상하지 않을까?

요리의 과학 발효는 식품에 특수한 세균이나 효모, 곰팡이 배양액을 접종해 훌륭한 풍미를 만들고 해로운 미생물이 자라지 못하는 환경을 조성하는 과정이다.

발효식품에 가장 흔히 이용되는 세균 종은 락트산 세균(락토바실러스)으로, 피클이나 요구르트, 콤부차, 신 맥주, 사우어크라우트 발효에 이용된다. 락트산 세균은 식품 속 당을 대사해 락트산을 만든다. 락트산이 생기면 식품의 pH는 3.5까지 떨어지는데 이 산도에서는 대부분의 세균이 살 수 없다. 피클 절이기는 발효와 비슷하지만 외부에서 산을 더해준다는 점이 다른데, 보통 아세트산(식초) 또는 시트르산(레몬즙)이 이용된다. 락트산 세균 중에는 천연 보존제 역할을 하고 경쟁 세균의 증식을 막는 항균 단백질을 분비하는 종류도 있다.

맥주, 와인, 빵, 발효식품을 만드는 데 이용되는 효모는 당을 에탄올로 바꾼다. 맥주나 와인에 든 알코올인 에탄올은 미생물이 자라기에 적합하지 않은 환경을 만든다. 어떤 효모는 미생물이 거의 자라지 못하는 농도인 25%의 고농도 알코올을 생성하고 그 안에서 살아남기도 한다.

곰팡이는 천연 화합물을 만들어 다른 미생물에 독성을 낸다. 페니실리움속에 속하는 일부 곰팡이는 치즈 발효나 페니실린 같은 항생제 생산에 이용되기도 한다.

주방의 한 수 채소를 발효시킬 안전한 소금물은 다음과 같이 만들면 된다. 물 3.7ℓ에 코셔 소금이나 피클링 소금 2½컵(약 370g으로 다이아몬드 코셔 소금의 경우 1컵은 약 150g이다-옮긴이)을 풀어 10% 농도의 소금물을 만든다. 여기에 보통 소금 ¾컵(약 200g으로 식탁염의 경우 1컵은 약 270g이다-옮긴이)을 더 넣으면 최종적으로 15% 농도의 소금물이 된다. 채소를 소금물에 절여 4~8주 이상 발효하면 당이 산으로 바뀌어 미생물 오염에서 안전해진다.

껍질이 녹색으로 변한 감자를 먹어도 될까?

대답 (껍질을 까면) 그럴 수 있다.

요리의 과학   감자가 빛에 노출되면 감자 표면에 클로로필이 생성되어 광합성을 시작하면서 껍질이 녹색으로 변한다. 이 과정에서 독성이 있는 알칼로이드인 솔라닌이 생성되는데, 솔라닌을 다량 섭취하면 현기증, 구토, 설사, 위통, 두통이 유발된다. 어른은 솔라닌을 200~400㎎ 정도 먹어야 독성 반응이 일어나지만 어린이는 20~40㎎만 먹어도 위험하다. 녹색으로 변한 감자 0.5㎏에는 솔라닌이 10~65㎎ 들어있다. 솔라닌 독성은 감자 싹과 껍질에 농축되므로 싹이 났거나 녹색으로 변하기 시작한 감자는 먹지 않는 편이 좋다.

봄과 비슷한 따뜻한 환경에 감자를 보관하면 싹이 나기 시작한다. 싹이 나면 아밀라아제 효소가 감자 속 전분을 당으로 바꾸어 싹에 영양분을 공급한다. 전분이 분해된 당은 삼투압 현상을 일으켜 수분을 흡수하므로 감자가 쭈글쭈글해진다.

주방의 한 수   싹이 났더라도 감자가 아직 단단하면 해롭지는 않으므로 싹을 도려내고 먹을 수 있다. 쭈글쭈글해지거나 오그라들고 녹색으로 변한 감자는 버리자. 껍질이 약간 녹색을 띠어도 단단하면 괜찮다. 사용하기 전에 껍질을 벗기고 녹색 부분을 모두 도려내면 된다.

사과씨나 복숭아씨에는 독성이 있을까?

대답 꼭 그렇지는 않다.

요리의 과학 사과씨나 복숭아씨에 들어있는 아미그달린이라는 화합물은 먹으면 소화되어 시안화수소로 분해된다. 시안화물은 독성이 있어 체중 1kg당 1.5mg만 먹어도 치명적인 독성을 일으킨다. 하지만 사과씨나 복숭아씨에 들어있는 아미그달린의 함량은 62kg인 사람이 복숭아씨 235개나 사과씨 875개를 먹어야 치사량에 이르는 정도밖에 되지 않는다. 사과씨나 복숭아씨 몇 개 정도의 시안화수소는 사람의 몸이 해독할 수 있다. 하지만 장기적으로 많은 양의 시안화물을 섭취하면 마비, 두통, 현기증, 졸음을 유발할 수 있다.

주방의 한 수 가끔 사과씨를 먹는다고(복숭아씨를 삼키지는 않을 테니) 급성 시안화물 중독이 일어나지는 않지만, 매일 먹지는 말자.

Q

피마자콩에는 리신이 들어있을까?

대답 그렇다.

요리의 과학 피마자콩은 피마자의 씨로, 식품 첨가물
이나 코팅제로 쓰이는 피마자유를 만드는 데 이용된
다. 피마자콩 안에는 탄수화물과 결합하는 단백질인
리신이 있다. 리신은 독성이 매우 강해서, 소금 몇 톨
정도의 양인 2㎎만 먹어도 보통 체격의 성인이 사망에 이를
수 있다. 리신은 세포 내에서 단백질 합성을 억제해 기본적인
대사 기능 대부분이 일어나지 못하게 한다.

   하지만 걱정하지는 말자. 가공 과정을 거친 피마자유에는 리신이 들어있지 않다. 게다가 피마
자콩을 먹고 사망에 이를 정도로 독성이 나는 경우는 극히 드물다. 피마자 씨의 겉은 단단히 코팅
되어 있어 소화되기 어렵고, 위산이 리신을 포함한 단백질 대부분을 불활성화하기 때문이다.

땅콩버터도 상할까?

대답 그렇다.

요리의 과학 땅콩버터는 수분이 적고 기름 함량이 많아 곰팡이나 세균에 거의 오염되지 않는다. 그래서 땅콩버터에는 병원성 세균이 거의 자라지 않는다. 하지만 땅콩기름이 산패될 수는 있다. 땅콩버터 용기를 개봉하면 신선한 산소가 들어가 고도불포화기름과 반응한다. 고도불포화기름은 산화에 매우 취약해서 개봉 후 몇 달에 걸쳐 과산화물, 알데하이드 및 다양한 산패 물질을 만든다.

주방의 한 수 유통기한이 지난 땅콩버터를 먹어도 병이 나지는 않지만, 땅콩버터 기름이 산패되어 불쾌한 맛이 난다. 산패한 땅콩버터는 톡 쏘는 쓴맛이 나고, 미끈거리거나 금속성 냄새가 나기도 한다. 온도가 낮으면 자연적인 산화 과정이 느려지므로, 경화 땅콩버터나 천연 땅콩버터를 냉장 보관하면 실온에서보다 2배 더 오래 보관할 수 있다. 또한 경화 땅콩버터에는 기름 산화를 줄이는 항산화제가 들어있어 천연 땅콩버터보다 더 천천히 산화된다.

잼도 상할까?

대답 그렇다.

요리의 과학 잼은 상업용이든 집에서 만들었든 모두 산과 당 함량이 높아 오래 보존할 수 있다. 당도도 있지만 산도가 pH4.6 이하로 낮아 부패 미생물이 대부분 살지 못한다. 고농도의 당이 수분을 붙잡아두므로, 미생물이 물을 이용해 영양분을 대사할 수 없다. 잼을 멸균하면 남은 미생물이 사멸해 유통기한이 더 늘어난다.

잼을 개봉하면 산소와 다양한 미생물 오염에 노출된다. 잼 속에는 대부분의 미생물이 살 수 없지만, 고농도의 당과 산 조건에서도 산소만 있으면 살아남는 효모나 곰팡이도 있다. 가장 흔한 종류는 지고사카로미세스 룩시로, 간장을 발효할 때 독특한 풍미를 내는 효모이지만 잼이나 고당도 식품에서 상한 맛을 내기도 한다. 페니실리움속 균 중 일부는 냉장 보관한 잼에도 자라 곰팡이 독을 만들어 풍미에 영향을 미친다.

주방의 한 수 상업용 또는 홈메이드 잼은 개봉하지 않은 채로 서늘하고 건조한 곳에 두면 1~2년까지도 보관할 수 있다. 일단 개봉하면 코와 눈으로 상했는지 확인해야 한다. 발효되거나 알코올, 효모 냄새가 나면 분명 상한 것이다. 색깔은 처음에는 밝더라도 자연히 점점 어두워지므로, 색이 어두워졌다고 상했다고 볼 수는 없다. 상업용 잼은 산성이라 보툴리눔 독을 생산하는 세균이 자랄 수 없으므로, 잼을 먹고 보툴리즘이 발생할 위험은 거의 없다. 하지만 산도가 낮은 홈메이드 잼에는 보툴리눔 독이 생길 위험이 있으므로, 개봉하지 않았더라도 냉장 보관하고 되도록 빨리 먹자(보툴리즘에 대해 더 알고 싶다면 208쪽을 참고하라).

보툴리즘이란 무엇일까?

요리의 과학 보툴리즘은 클로스트리디움 보툴리눔 세균이 만드는 치명적인 보툴리눔 독이 든 음식을 먹었을 때 일어나는 증상이다. 보툴리눔 독은 세균이 만드는 매우 위험한 독 중 하나로, 신경 기능을 저해하고 마비나 호흡 부전을 일으킨다. 다행히도 클로스트리디움 부툴리눔 균은 습도가 높고 산소가 적거나 전혀 없는 특정 조건에서만 독을 만든다. 잘 건조하거나 공기에 노출된 식품에는 이 균이 자라지 않는다. 피클처럼 pH가 4.6보다 낮고 소금을 5% 이상 함유한 음식에도 클로스트리디움 보툴리눔 균이 충분히 자라지 못해 독성이 없다. 산을 너무 적게 넣어 (pH4.6 이상) 절인 홈메이드 식품이나 기름에 재운 마늘, 로즈메리, 구운 토마토 같은 식품은 보툴리즘이 발생할 위험이 크다.

주방의 한 수 신선한 채소나 허브, 과일로 나만의 가향 기름을 만들 때는 주의하자. 이 조합은 습도가 높고 산소는 적어 클로스트리디움 보툴리눔이 딱 좋아하는 환경이다. 가향 기름을 안전하게 만들려면 말린 허브나 향신료를 사용해 기름에 과도한 수분이 들어가지 않게 해야 한다. 반면 가향 식초는 집에서 만들어도 비교적 안전한데, 식초의 pH는 4.6 이하라서 클로스트리디움 보툴리눔 균이 자라지 못하기 때문이다. 하지만 산에 강한 대장균이 자랄 수도 있다. 풍미가 우러난 홈메이드 식초를 안전하게 만들려면 5분 정도 끓여 세균을 모두 죽여야 한다.

올리브유에도 유효기한이 있을까?

대답 그렇다.

요리의 과학　품질이 좋은 올리브유는 와인과 같다는 말이 있다. 하지만 이 믿음은 사실이 아니다. 아무리 좋고 비싼 올리브유라도 시간이 지나면서 분해되어 산도가 증가하고 풍미가 약해진다. 왜 그럴까?

　다른 기름과 마찬가지로 올리브유도 트라이글리세라이드라는 분자로 이루어져 있다. 트라이글리세라이드는 불포화지방산으로 이루어진 3개의 긴 사슬 꼬리를 가지고 있다. 불포화라는 이름은 탄소가 사슬에 붙는 방식에 따라 붙여진 것이다. 올리브유를 냉압착하면 기름 속 트라이글리세라이드가 고유의 신선한 향을 낸다. 하지만 올리브유가 공기 중 산소와 반응하면 알데하이드와 케톤이라는 분자가 생긴다. 알데하이드와 케톤은 산패한 기름 맛과 냄새를 내고, 이 화합물을 많이 먹으면 배가 아플 수도 있다. 트라이글리세라이드는 공기 중 물과도 반응해 자유 지방산을 만들어 불쾌한 맛을 낸다.

주방의 한 수　개봉하지 않은 올리브유는 구입일로부터 18~24개월 안에 사용할 수 있다. 개봉 후에도 2개월까지는 신선하다. 올리브유가 분해되는 속도를 늦추려면 열이나 햇빛이 닿지 않는 곳에 보관하자. 올리브유가 산패했는지 확인하려면 냄새를 맡아보라. 신선한 올리브유는 밝고 풀 향이 난다. 올리브유를 자주 사용하지 않는다면 냉장 보관해야 유효기한을 늘릴 수 있다.

튀김에 사용한 기름을 재사용해도 안전할까?

대답 그렇다.

요리의 과학 기름을 사용한 다음 잘 걸러서 보관하면 재사용할 수 있다. 하지만 수분이 함유된 음식 찌꺼기가 남아있는 기름을 재사용하면 클로스트리디움 보툴리눔 균(208쪽 질문 '보툴리즘이란 무엇일까?' 참고)이 자랄 수 있다. 기름이 물방울을 붙잡고 주변을 무산소 환경으로 만들기 때문이다. 그래서 미국 농무부는 튀김에 사용한 후 거르지 않은 기름은 하루 이틀 지나면 버리라고 권장한다. 기름을 재가열하면 세균이 죽지만 세균이 만든 보툴리눔 독은 완전히 파괴되지 않는다. 기름을 재사용하면서 여러 번 가열하면 기름이 공기에 노출되어 더 잘 산화된다는 문제도 있다. 기름이 산화되면 쓴맛이 나고 몸에 해로운 약한 독성 화합물이 생긴다. 이상한 냄새가 나는 기름은 절대 사용하면 안 된다.

주방의 한 수 튀김 기름을 재사용하고 싶다면 식힌 즉시 고운체에 걸러 음식 찌꺼기를 제거하고 냉장 보관해서 혹시 모를 독성 세균의 증식을 늦춰야 한다. 냉장 보관한 기름은 1개월 정도 사용할 수 있다.

경화유는 먹어도 안전할까?

대답 때에 따라 다르다.

요리의 과학 경화유는 경화(수소화라고도 한다-옮긴이) 과정을 통해 만들어진다. 기름이 경화되면 분자 구조가 단단해지고 서로 겹쳐져서 실온에서도 고체 상태다. 경화 과정을 거치면 액상 지방이 단단한 지방으로 바뀌어 음식에 크리미하고 풍부한 식감을 준다. 또한 유통기한이 길어지고 지방의 안정성도 높아진다. 고온에서 액상 기름에 압축 수소를 가해 반응시키면 경화가 일어나는데, 이때 고운 금속 가루(니켈, 백금, 팔라듐 등)를 분산해 반응을 가속한다. 어떤 기름 분자는 경화 과정에서 일부만 경화되어 다른 형태의 분자가 되는데, 이를 트랜스지방이라 한다. 트랜스지방은 자연히 생기기도 하지만, 다량 섭취하면 저밀도지방단백(LDL) 수치가 높아져 동맥에 콜레스테롤이 쌓이고 관상동맥 질환이나 뇌졸중 위험이 커진다. 2015년 미국식품의약국(FDA)은 인공 트랜스지방이 안전하지 않으므로 2018년까지 식품 공급망에서 퇴출해야 한다고 경고했다. 그 결과 식품 제조업자들은 트랜스지방이 없는 완전 경화유만 사용할 수 있게 되었다. 완전 경화유는 전부 포화한 형태로 트랜스지방처럼 해롭지 않고 천연 포화지방과 비슷한 특성이 있다.

주방의 한 수 완전 경화유는 천연 포화지방과 비슷하게 작용하고, 부분 경화유와 달리 건강에 해롭지 않다. 요즘은 식품에 트랜스지방이 함유된 경우는 거의 없지만, 되도록 섭취를 피해야 한다. 예전에는 부분 경화유나 완전 경화유로 만드는 식물성 쇼트닝에 트랜스지방이 많이 함유되어 있었지만, 2004년 크리스코사에서 저트랜스지방 식물성 쇼트닝을 개발한 후로는 모든 식물성 쇼트닝에 트랜스지방이 거의 또는 전혀 들어있지 않다.

고과당 콘 시럽은 무엇이고, 몸에 나쁠까?

요리의 과학　콘 시럽은 옥수수 전분을 분해해서 만드는 당 시럽이다. 콘 시럽을 만들려면 먼저 옥수수를 물에 담가 불린 다음 가루를 낸다. 가루를 여러 번 씻어 전분을 녹여낸 다음 분리하여 건조한다. 이 전분에 물과 아밀라아제 효소를 섞으면 전분이 작은 탄수화물 조각으로 분해된다. 글루코아밀라아제라는 효소를 혼합물에 첨가하면 탄수화물 조각이 더 분해되어 글루코스 분자가 된다. 가공하지 않은 글루코스 시럽을 정제한 후 자일로스 이성화효소를 가하면 글루코스 당 대부분이 프럭토스로 바뀐다. 그 결과 프럭토스(과당)를 42% 함유한 고과당 콘 시럽이 생산된다.

　프럭토스는 대부분 간에서 대사되어 저장되거나 지방을 만드는 데 이용되는 반면, 글루코스는 간, 적혈구, 뇌, 근육 등 몸속 대부분의 장기와 세포에서 대사된다. 수크로스로 이루어진 테이블 슈거는 체내에서 대사되어 글루코스 분자 1개와 프럭토스 분자 1개로 분해된다. 대사 과정의 차이에 따라 이 당들이 장기적으로 인체에 어떤 영향을 미칠지는 논쟁의 여지가 있지만, 확실한 점은 고과당 콘 시럽의 문제는 과다한 칼로리이지 당 자체는 아니라는 점이다.

주방의 한 수　다른 당과 마찬가지로 고과당 콘 시럽은 적당히 사용하자.

MSG는 먹어도 안전할까?

대답 그렇다.

요리의 과학 MSG(글루탐산소다)는 자연에서 생성되는 아미노산으로, 감칠맛을 내는 성분 중 하나다. 일본 화학자 이케다 기쿠나에는 감칠맛이라는 개념과 감칠맛을 내는 글루탐산을 발견했고, 이어 글루탐산 제조 공법을 개발했다. 결합 글루탐산이 다량으로 함유된 밀 글루텐 단백질을 산 가수분해하면 글루탐산이 생성된다. 글루탐산을 탄산나트륨으로 중화하면 수용성이 더 높은 글루탐산인 MSG가 생긴다. 오늘날에는 세균을 이용해 더욱 경제적으로 글루탐산을 생산한다. 맥주를 양조하거나 와인을 발효할 때처럼, 당과 영양분이 든 발효기에 세균의 일종인 마이크로코쿠스 글루타미쿠스를 첨가한다. 그 후 며칠간 발효하면 글루탐산이 풍부한 원액이 만들어지고 이 원액을 여과, 농축, 결정화하면 순수한 MSG를 얻을 수 있다.

MSG의 영향을 알아보는 이중맹검 시험 결과, MSG를 넣은 육수와 그렇지 않은 육수를 먹은 참가자들은 특별한 증상 차이를 보이지 않았다. 다른 연구에서는 MSG를 넣지 않은 위약군을 먹은 참가자들에게 실은 MSG가 들었다고 말하거나 MSG의 부작용을 느꼈냐고 물으면, 실제로 MSG를 먹지 않은 참가자들도 두통이나 편두통, 흉통 같은 증상을 호소했다. 게다가 MSG의 화학 성분과 같은 천연 글루탐산이 많이 든 치즈나 토마토소스, 버섯을 먹어도 이런 증상이 나타나지 않는다.

주방의 한 수 글루탐산은 다양한 천연 식품에도 들어있다. 음식에 MSG를 넣으면 해롭다거나 병에 걸린다는 믿음에는 과학적 근거가 부족하므로, MSG를 피할 이유는 없다. 건조 수프 믹스나 '악센트' 같은 유명 조미료에도 보통 MSG가 들어있다.

인공 착향료가 든 음식을 주의해야 할까?

대답 그럴 수도 있지만, 당신이 생각하는 이유 때문은 아니다.

요리의 과학 천연 착향료는 식물이나 동물 재료에서 추출해 가공하여 유통기한과 효과를 늘린 물질이다. 인공 착향료는 실험실에서 화학적으로 합성된 물질로 천연 착향료의 주성분과 화학 구조가 같다. 합성 과정에 사용되는 반응 물질(복잡한 화학 물질을 만드는 기본 화학 물질)은 대부분 석유가 원료이고 엄격한 법적 규정에 따라 정제된다. 사실 인공 착향료를 생산할 때는 천연 착향료가 더 안전하다는 선입견을 무마하려고 천연 착향료보다 더 엄격한 안전 평가를 거친다. 하지만 천연 착향료에 든 부성분의 안전성은 완전히 검증되지 않은 경우가 많아, 건강에 어떤 영향을 줄지 알 수 없다. 하지만 천연 착향료와 인공 착향료에는 공통 성분이 많다. 천연 착향료와 인공 착향료의 공통적인 성분은 화학 구조가 같으므로 뇌에서 비슷한 반응을 유발한다.

가장 큰 차이는 천연 착향료가 인공 착향료보다 더 깊은 풍미를 낸다는 사실이다. 바닐라를

> **"**
>
> 바닐라빈 콩깍지에서 추출한 바닐라에는
> 주성분인 바닐린 이외에도
> 250가지가 넘는 풍미 및 향 화합물이 들어있다.
>
> **"**

예로 들어보자. 바닐라빈 콩깍지에서 추출한 바닐라에는 주성분인 바닐린 이외에도 250가지가 넘는 풍미 및 향 화합물이 들어있다. 합성 바닐라에는 바닐린에 더해 천연 바닐라와 비슷한 효과를 내기 위해 부가적인 인공 착향료가 첨가된다. 천연 바닐라와 합성 바닐라는 요리나 빵에 넣으면 미묘하지만 뚜렷한 차이를 낸다.

하지만 천연 원료에서 착향료 재료를 추출할 때 생태계에 좋지 않은 영향을 미친다는 점에서 인공 착향료가 낫다는 의견도 있다. 바닐라를 생산하는 난초과 식물(바닐라 플라니폴리아)은 생태계가 취약한 지역에서 자란다. 인공 착향료를 사용하면 이 지역이 겪는 생태학적 압력을 줄일 수 있다.

주방의 한 수 천연 착향료와 인공 착향료는 사실 건강상 큰 차이는 없다. 착향료를 선택할 때는 건강에 미치는 영향에 대한 선입견이 아니라 음식에 주는 풍미를 고려하자. 게다가 인공 착향료는 보통 천연 착향료를 생산할 때보다 환경에 영향을 덜 미친다.

보존제를 먹어도 안전할까?

대답 그렇다.

요리의 과학 일반적으로 식품에 사용되는 보존제에는 항균제와 항산화제가 있다. 이들은 음식에서 서로 다른 기능을 한다.

　항균제에는 소르빈산, 벤조산, 아질산염, 질산염, 프로피온산 등이 있다. 항균제는 독성 물질을 생산하거나 질병을 일으키는 곰팡이나 세균 같은 미생물 증식을 억제한다. 항균제는 식초의 아세트산이나 요구르트의 락트산처럼 음식의 pH를 바꾸어 미생물이 살 수 없게 한다. 아주 적은 양만 사용해도 식초나 요구르트보다 훨씬 강하게 작용한다는 점만 다르다. 예를 들어 소르빈산은 0.025~0.1% 농도로 사용되는데 이는 음식 100g당 25~100㎎에 해당하는 농도다. 벤조산도 비슷한 농도로 사용된다. 보존제는 저농도로 사용되므로 음식의 맛에 거의 영향을 주지 않는다.

> 보존제는 독성 물질이나 독이 아니므로
> 걱정할 필요는 없다.
> 의학계에서는 보존제를 어느 정도 먹어도
> 부작용은 거의 없다고 밝힌 바 있다.

보존제의 부작용을 연구한 결과 일반적으로 사용되는 양을 먹어도 부작용은 거의 없다는 사실도 밝혀졌다. 반면 곰팡이나 세균이 내는 자연 독성 물질은 저농도라도 장기적으로 섭취하면 심각한 알레르기나 암, 장기 손상을 일으키거나 심지어 사망에 이르게 할 수도 있다.

항산화제는 산소에 노출된 음식이 산패되어 향이 변하고 영양소를 잃는 현상을 막는다. 보통 아스코르브산(비타민 C), 부틸히드록시톨루엔(BHT), 갈산, EDTA, 아황산, 토코페롤(구조적으로 비타민 E와 비슷하다) 같은 항산화제가 사용된다. 항산화제는 직접 산소와 반응하거나, 식품 속 화학 성분과 산소의 반응을 촉매하는 금속 이온을 없앤다. 보통 이런 항산화제의 안전성은 동물이나 인간을 대상으로 충분히 검증되었다. 다만 아황산에 알레르기가 있는 사람도 있다.

주방의 한 수 보존제는 독성 물질이나 독이 아니므로 걱정할 필요는 없다. 의학계에서는 보존제를 어느 정도 먹어도 부작용은 거의 없다고 밝힌 바 있다. 사실 보존제는 치명적인 식품 유래 질병이 발생할 위험을 줄이고 여러 식품의 품질을 전반적으로 향상한다.

Q

유통기한을 얼마나 꼼꼼하게 따져야 할까?

요리의 과학 품질유지기한은 식품의 품질과 풍미가 최대로 유지되는 마지막 날을 의미한다. 유통기한은 소매상이나 도매상이 식품을 팔 수 있는 마지막 날이다. 냉동유효기간은 냉동하지 않으면 품질을 잃는 마지막 날이다. 그리고 유효기한은 식품이 노화되거나 상하기 시작한다고 예상되는 날짜다.

생산자들은 식품 생산 날짜와 시간을 식별하기 위해 코드를 사용한다. 일정한 규정은 없지만 보통 생산된 달은 문자로(1~12월을 A~L로) 표시하거나 숫자나 문자를 섞어서(1~9월은 1~9로 표시하고 10, 11, 12월은 각각 O, N, D로) 표시하기도 한다. 연도와 날짜는 보통 숫자나 문자열로 표시한다.

유효기간 표시는 필수는 아니고 (이유식은 제외) 식품 생산업자의 재량에 달려있다. 유효기간이 식품의 안전을 나타내지도 않는다. 식품을 제대로 다루고 보관하면 이 날짜를 지나도 안전하다. 식품이 상했는지 아닌지 판단하는 일은 소비자의 몫이다. 이상한 냄새나 불쾌한 풍미가 나거나, 식감이 변했거나 곰팡이가 보인다면 부패했을 수 있다. 캔이 툭 튀어나왔거나 부풀었거나 찌그러져 있으면 보툴리즘 독을 내는 클로스트리디움 보툴리눔 균이 증식했을 수 있으므로 피해야한다. 캔이 손상되면 미세한 구멍이 나서 클로스트리디움 보툴리눔 균이 스며들어 산소 농도가 아주 낮은 환경에서 자라 독성 물질을 만든다.

주방의 한 수 유통기한이 지나도 먹을 수 있다. 유통기한은 제조업자가 식품의 품질을 예측하고 설정한 날짜이지 안전을 예측하고 설정한 날짜는 아니기 때문이다. 색깔이나 질감이 변했는지, 불쾌한 냄새가 나는지, 이상한 맛이 나는지, 제대로 다루어지고 보관되었는지 등 식품의 부패를 나타내는 지표를 잘 확인하자.

Q ──────────────

간장이나 피시소스를 개봉하면
냉장 보관해야 할까?

대답 아니다.

요리의 과학 간장이나 피시소스는 콩이나 생선을 효소로 발효하여 단백질을 아미노산으로 분해해서 만든다. 간장은 누룩곰팡이가 생산하는 효소로 콩을 분해해 만든다. 피시소스는 생선 조직 자체에 포함된 효소로 생선을 부패시켜 만든다. 둘 다 다량의 소금과 소금물을 사용하므로 발효액이 원치 않는 미생물에 감염되지 않는다. 병원성 미생물은 대부분 소금에 민감해서 고농도 염분 환경에서 탈수되기 때문이다. 간장이나 피시소스를 숙성하면 발효 과정의 부산물로 산이 생성된다. 몇 달에서 몇 년간 발효한 간장이나 피시소스를 정제하고 멸균하면 발효 과정이 끝난다. 간장이나 피시소스에는 고농도의 소금과 산이 들어있어 실온이나 냉장에 보관해도 미생물이 자랄 위험은 없다. 간장이나 피시소스는 사실 거의 영원히 보존할 수 있다. 식초, 핫소스, 굴소스, 꿀도 냉장 보관할 필요가 없다.

주방의 한 수 간장이나 피시소스는 찬장에 보관해도 된다. 유해 미생물이 자랄 염려는 없지만, 풍미를 보존하고 싶다면 냉장 보관해도 된다.

빵을 꼭 냉장 보관해야 할까?

대답 아니다.

요리의 과학 밀 곡물에 들어있는 전분 입자는 대부분 결정화되어 있다. 밀 알곡을 밀가루로 분쇄하고 물과 섞어 반죽해 오븐에 구우면 결정화 전분이 수화되어 일정한 모양을 잃고 무정형으로 젤라틴화된다. 그러면 빵이 부드러워진다. 하지만 이 무정형 상태는 불안정하므로 전분은 재결정화되며 역행해 점점 결정 상태로 되돌아간다. 결정화된 전분은 무정형 전분보다 더욱 촘촘히 채워져 물이 밖으로 밀려 나간다. 그 결과 빵은 수분을 잃고 노화되어 딱딱해진다.

실온에서는 이 과정이 천천히 일어나지만, 빵을 냉장 보관하면 낮은 온도 때문에 빵 속 전분이 결정화 상태로 더욱 빨리 되돌아간다.

주방의 한 수 빵에 곰팡이가 피지 않게 하면서 최상의 질감으로 오래 보존하고 싶다면 냉동 보관하고 필요한 만큼만 해동하자. 냉동하면 물이 얼음 안에 갇혀 노화가 천천히 일어난다. 빨리 먹을 계획이라면 실온에 그대로 두자.

> **빵은 냉동 보관하고 필요한 만큼만 해동하자.**

빵에서 곰팡이 핀 부분만 떼어내고 먹어도 될까?

대답 나쁘지 않지만, 솔직히 좋은 생각은 아니다.

요리의 과학 곰팡이는 포자가 자라면서 퍼지는 진균류의 일종으로, 주변 환경에 있다가 음식에 뿌리내리고 발아한다. 곰팡이 포자는 열이나 건조한 조건에 매우 강해서 거의 모든 환경에서 살 수 있다. 다른 생물처럼 곰팡이도 세포 분열하며 자란다. 하지만 곰팡이는 특이하게도 세포가 합쳐져 여러 핵을 가진 세포 필라멘트 망인 균사체를 형성해 식품 깊숙이 침투할 수 있다. 즉 빵 조각 위에 곰팡이가 보인다면 보이지 않는 다른 부분에도 곰팡이가 침투했을 수도 있다는 의미다.

모든 곰팡이는 주변으로 효소를 분비해 단백질과 탄수화물을 소화하여 단당과 아미노산으로 분해한 뒤 흡수해 양분으로 이용한다(그래서 곰팡이 핀 식품은 점점 부드러워진다). 곰팡이는 진균독이라는 물질을 분비하는데, 이 진균독은 다른 미생물은 물론 인간에게도 독성이 있다. 빵에 피는 곰팡이 중 가장 흔한 곰팡이는 검은빵곰팡이라는 리조푸스 스톨로니퍼, 페니실리움속 곰팡이, 클라도스포리움속 곰팡이다. 검은빵곰팡이는 대개 진균독을 분비하지 않지만, 페니실리움속 곰팡이나 클라도스포리움속 곰팡이는 일정한 조건이 되면 진균독을 분비해 알레르기 반응이나 호흡기 문제를 일으키기도 한다.

주방의 한 수 곰팡이 핀 빵을 먹어야 할 이유는 거의 없다. 안전을 위해서는 버리는 편이 좋다. 곰팡이 핀 자리는 빙산의 일각에 불과하기 때문이다.

덜 익은 토마토는 냉장 보관해야 할까?

대답 아니다.

요리의 과학 토마토에는 여러 효소가 들어있어 익으면서 고유한 향과 풍미를 내는 화합물을 만든다. 덜 익은 토마토를 냉장 보관하면 낮은 온도 때문에 향과 풍미를 내는 효소가 저해된다. 냉장 보관한 지 1~3일 안에는 이 효소가 재활성화될 수 있다. 하지만 3일이 지나면 풍미 성분을 만들지 못하게 되므로, 슈퍼마켓에서 파는 토마토 대부분은 색깔과 풍미가 약하다.

덜 익은 토마토를 수확하면 줄기에서 당과 영양분을 공급받지 못한다. 녹색 토마토라도 아래쪽이 엷은 빨간색이나 노란색을 띠면 숙성에 필요한 영양분을 이미 가지고 있다는 의미이므로, 줄기에서 수확한 후에도 계속 숙성될 수 있다. 덜 익은 토마토도 숙성을 촉진하는 에틸렌 가스를 내지만, 에틸렌 가스가 나와도 토마토가 작물에 달려있을 때만큼 숙성을 유도하지는 못한다. 바나나나 에틸렌을 내는 다른 과일(136쪽 참고)을 덜 익은 토마토와 함께 두면 전부 녹색인 토마토라도 붉게 바뀔 수는 있지만, 우리가 원하는 익은 토마토 풍미는 나지 않는다. 토마토 풍미가 나려면 에틸렌으로 숙성을 유도할 때보다 더 시간이 필요하다.

주방의 한 수 덜 익은 토마토는 사용하기 전까지 햇빛이 닿지 않는 실온에 보관하며 숙성시키자. 다 익어서 풍미가 최고에 달한 토마토는 바로 먹거나 냉장고에서 하루 이틀 보관할 수 있다. 냉장에서 3일이 지나면 풍미가 사라진다. 토마토를 꼭 냉장 보관해야 한다면 사용 전 실온에 꺼내두어 풍미를 되살리자.

채소를 냉장 보관하면 왜 시들까?

요리의 과학　당근이나 셀러리 줄기를 냉장고에 며칠 보관하면 물러지거나 시든다. 과일이나 채소에는 생장 주기가 있어서 그 시점을 지나면 시들거나 상한다. 농작물이 시드는 이유는 대개 수분을 잃기 때문이다. 농작물은 표면에 있는 기공이라는 작은 구멍으로 호흡한다. 수확한 후에도 산소 호흡은 한동안 지속된다. 기공을 통해 물이 증발하면 뿌리로 물을 흡수해 보충한다. 요즘 냉장고는 식품을 건조하게 보관하기 위해 습도를 낮게 유지하도록 설계되어서, 과일이나 채소를 냉장 보관하면 급격히 수분이 빠진다. 수분을 잃은 식물 세포는 주저앉고 농작물이 시든다.

주방의 한 수　냉장 보관할 때 농작물의 싱싱함을 되살리는 가장 간단한 방법은 물에 담가 놓는 것이다. 시든 꽃과 마찬가지로 시든 과일이나 채소는 물을 흠뻑 먹으면 다시 싱싱해진다.

냉동고는 어떻게 작동할까?

요리의 과학　냉동고는 가스 형태의 냉매를 압축하여 액체로 만드는 전기 펌프로 작동된다. 빠르게 움직이는 기체 분자는 전기 펌프를 통해 부피가 작은 뜨거운 액체로 압축된다. 새로 형성된 뜨거운 액체는 일련의 냉각 코일로 들어가 열을 주변으로 방출한다. 냉동고 뒤가 뜨거운 이유다. 뜨거운 액체가 실온으로 식으면서 팽창 밸브를 통해 냉장고나 냉동고 안쪽을 순환하는 증발 코일로 들어간다. 증발 코일은 냉각 코일보다 압력이 낮아 냉매 액체가 증발하고 팽창하여 다시 기체가 된다. 전체적으로 보면 다량의 액체가 식으면서 열이 방출되고, 냉동고 안으로 나온 열을 빠르게 팽창하는 기체가 가져가고, 따뜻해진 기체는 다시 냉각 코일로 들어가며 이 과정이 (거의) 끝없이 반복된다. 냉동고는 에너지를 절약하기 위해 이 순환을 반복하며 작동한다. 냉동고 온도가 일정한 지점까지 오르면 펌프가 다시 작동해 냉동고를 다시 식힌다. 냉동고 문을 열면 이 과정이 다시 시작된다.

주방의 한 수　냉장고와 냉동고는 알맞은 온도로 설정해야 한다. 냉장고 온도는 음식이 얼지 않으면서 세균 증식이 억제되는 2~4℃로 설정하자. 냉동고 온도는 -18℃로 설정해야 한다. 냉동

"

냉동고 온도는 -18℃로 설정해야 한다.

"

고 온도를 이보다 낮게 설정하면 음식이 빨리 얼지만, 전기료가 필요 이상으로 많이 든다. 냉동고
가 제대로 작동하는지 알려면 온도를 주기적으로 확인해야 한다.

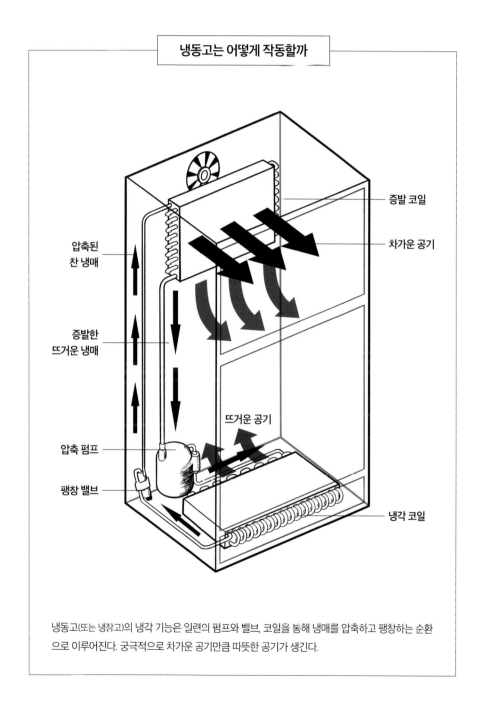

냉동고는 어떻게 작동할까

증발 코일

차가운 공기

압축된
찬 냉매

증발한
뜨거운 냉매

뜨거운 공기

압축 펌프

팽창 밸브

냉각 코일

냉동고(또는 냉장고)의 냉각 기능은 일련의 펌프와 밸브, 코일을 통해 냉매를 압축하고 팽창하는 순환
으로 이루어진다. 궁극적으로 차가운 공기만큼 따뜻한 공기가 생긴다.

그린빈을 얼리기 전에 왜 데쳐야 할까?

요리의 과학 채소에 들어있는 영양소나 효소는 세포 안에 각각 분리되어 들어있다. 하지만 채소를 얼리면 세포 안 물이 팽창하며 세포벽을 터트려 세포 내용물이 흘러나온다. 세포 안에 들어있던 효소가 채소의 풍미와 식감, 색깔에 영향을 주어 채소의 품질이 낮아지고 유통기한이 짧아진다. 냉동 온도에서도 효소 반응이 느리지만 계속 일어나 점점 채소의 품질이 나빠진다.

채소를 끓는 물에 단시간 데치면 효소가 불활성화하여 냉동 보관기간이 2개월(데치지 않은 경우)에서 12개월까지 늘어난다. 그린빈 외에도 아스파라거스, 브로콜리, 오크라도 얼리기 전에 데치는 편이 좋다. 통후추나 양파, 옥수수, 토마토 같은 채소는 보관하는 동안 세포벽을 무너뜨리고 채소를 무르게 하는 효소가 거의 없어 얼리기 전 데칠 필요가 없다.

주방의 한 수 채소를 데칠 때는 큰 냄비에 물을 끓이고(소금을 칠 수도 있다) 채소를 넣어 아삭하고 부드러운 식감이 살아있도록 2~5분간 데친다. 그다음 재빨리 물을 털고 얼음물에 넣어서 채소가 더 익지 않도록 한다. 물을 한 번 더 털고 깨끗한 키친타월로 톡톡 쳐서 표면에 남아있는 물기를 제거한 다음 얼린다.

냉동상이란 무엇일까?

요리의 과학　따뜻한 날 물 한 잔을 놓아두면 증발한다는 사실은 모두 알지만, 냉동 온도에서 얼음도 증발한다는 사실을 알면 놀랄 것이다. 승화라는 이 과정은 매우 천천히 진행되지만, 공기가 아주 건조하면 얼음이 증발하여 이곳저곳으로 이동한다. 이 과정에서 얼린 식품이 냉동고에서 마르는 냉동상을 입는다.

식품 속 얼음은 단백질과 지방, 탄수화물 주위에 촘촘하고 결정화된 방어막을 만들어 식품을 보호하고 산소와 닿지 않게 하는데, 식품이 수분을 잃을 때는 보통 이 얼음 분자를 잃는다. 얼음 물층이 사라지면 식품 속 지방, 색소, 풍미 분자가 냉동고 속 산소와 반응해 좋지 않은 분자로 바뀐다. 결과적으로 미생물 부패가 아니라 건조 때문에 식품의 색이 빠지고 지독한 맛이 난다.

완전히 건조된 식품(토스트 한 빵처럼)에는 촉매로 작용할 물이 없어 냉동상이 일어나지 않는다. 산소가 식품을 공격해 손상을 입힐 수 있는 수분을 가진 식품은 냉동상을 입기 쉽다.

주방의 한 수　냉동상을 입은 음식은 모두 버려야 한다. 구제할 수 없다. 냉동상을 막으려면 음식을 방수 포장재로 꼼꼼히 감싸 수분이 빠져나가지 않고 공기가 쉽게 닿지 않도록 해야 한다.

아이스크림을 냉동 보관하면
왜 얼음 결정이 생길까?

요리의 과학　아이스크림은 공기와 물, 구형의 지방과 당으로 이루어진 복합 유제로, 보통 설탕과 크림, 우유를 함께 끓인 뒤 아이스크림 메이커에서 휘저어 만든다. 아이스크림 메이커는 냉동고 기능을 하는 일종의 냉동 그릇으로 혼합물을 휘저어 어는점 아래로 식힌다. 혼합물이 섞이면서 어는 도중 기포가 섞여 들어가며 얼음 결정이 자라고, 그 결과 우리가 좋아하는 매력적인 아이스크림 질감이 만들어진다. 아이스크림 질감을 좋게 만드는 핵심은 아주 작은 얼음 결정이 빨리 형성되고 혼합물 속에 균일하게 퍼지게 하는 것이다. 상업용 아이스크림 생산자들은 아이스크림 질감을 좋게 만들기 위해 유화제나 안정화제를 첨가한다.

　하지만 작은 얼음 결정이 온도 변화에 노출되면 천천히 용해되고 다시 더 큰 결정을 이루는 오스트발트 숙성 과정을 거친다. 비네그레트소스가 기름과 식초로 각각 분리되는 현상과 같은 원리다(유제에서 분리된 기름방울은 다른 기름방울과 합쳐지며 결국 식초에서 완전히 분리되어 나온다). 아이스크림을 냉동고에 너무 오래 보관하면 얼음 결정이 더 커져 아이스크림이 굵고 모래 같은 질감을 갖게 된다.

주방의 한 수　오스트발트 숙성은 열역학적으로 발생한다. 이 반응을 막으려면(또는 가능한 한 줄이려면) 아이스크림을 냉동고의 안쪽처럼 가장 온도가 안정한 위치에 보관하자. 냉동고 문 쪽에 보관하면 아이스크림이 냉동상을 입기 쉽다.

고기를 잘 해동하려면
실온, 냉장고, 흐르는 물 중 어디에 두어야 할까?

요리의 과학 위험 영역이라 알려진 4~60℃ 사이에서는 미생물이 급속히 증식한다. 미국 농무부는 세균이 자라지 않도록 고기를 4℃ 이하에 보관하도록 권장한다. 이 온도를 유지하는 가장 좋은 방법은 언 고기를 냉장고에서 완전히 해동하는 것이다. 이렇게 하면 고기가 위험한 온도까지 올라가지 않는다.

언 고기를 실온이나 흐르는 물에 두어 해동하면 고르게 녹지 않는다. 고기의 중심은 아직 얼어 있는데 외부는 따뜻해져, 이 부분에 세균이 증식할 수 있다. 보통 위험 영역의 하단인 4℃ 정도로 고기를 보관하면 부패균이나 병원성 세균이 자랄 가능성이 아주 적다. 하지만 고기를 제대로 다루거나 보관하지 않고 가게에 진열하기 전에 잘못 운송했다면, 실온에서 해동할 때 세균이 증식할 위험이 크다.

주방의 한 수 고기를 안전하게 해동하기 위해 사용하기에 앞서 냉장실로 옮기자. 냉동된 고기를 냉장실에서 해동하려면 고기 2.3㎏당 36시간이 걸린다. 아무리 적은 양의 고기라도 해동히는 데 하루는 걸리고 스테이크나 간 소고기, 닭가슴살, 스튜용 고기는 완전히 해동하는 데 24~48시간이 걸린다.